ABHANDLUNGEN DER DEUTSCHEN AKADEMIE
DER WISSENSCHAFTEN ZU BERLIN

Klasse für Chemie, Geologie und Biologie
Jahrgang 1960 Nr. 3

Dr. HORST SCHUBERTH

VORAUSBERECHNUNG VON GLEICHGEWICHTSDATEN EINES SPEZIELLEN TYPS TERNARER FLÜSSIGER MISCHUNGEN

AKADEMIE-VERLAG · BERLIN
1961

ABHANDLUNGEN DER DEUTSCHEN AKADEMIE
DER WISSENSCHAFTEN ZU BERLIN

Klasse für Chemie, Geologie und Biologie
Jahrgang 1960 Nr. 3

Dr. HORST SCHUBERTH

VORAUSBERECHNUNG VON GLEICHGEWICHTSDATEN EINES SPEZIELLEN TYPS TERNÄRER FLÜSSIGER MISCHUNGEN

Mit 51 Abbildungen und 20 Tabellen

AKADEMIE-VERLAG · BERLIN
1961

Dissertation, Karl-Marx-Universität Leipzig, März 1960.
Unwesentlich gekürzt und mit ergänzenden Bemerkungen versehen

Vorgelegt von Hrn. LEIBNITZ in der Klassensitzung am 12. Mai 1960
Zum Druck genehmigt am gleichen Tage, ausgegeben am 1. April 1961

Erschienen im Akademie-Verlag GmbH, Berlin W 8, Leipziger Str. 3—4

Lizenznummer 202 · 100/470/61
Gesamtherstellung: VEB Druckerei „Thomas Müntzer" Bad Langensalza
Bestellnummer: 2001/60/II/3
Preis: DM 14,—
Printed in Germany
E S 20 M 1

Inhaltsangabe

Vorbemerkung

Phasengleichgewichtsuntersuchungen bilden die wissenschaftliche Grundlage für die Berechnung von Destillations- und Extraktionsprozessen sowie für die Projektierung entsprechender Anlagen in der chemischen Industrie. Zugleich sind sie aber auch für den Physiker und Physikochemiker von großem wissenschaftlichen Interesse, denn sie gestatten einen Einblick in die physikalischen Wechselbeziehungen der Stoffe untereinander, deren Vielfältigkeit dem naturwissenschaftlich Forschenden immer wieder neue reizvolle Probleme bietet, die zu lösen er sich mit den Hilfsmitteln insbesondere der Thermodynamik bemüht.

Die vorliegende Arbeit entsprang einem vom VEB Leuna-Werke „Walter Ulbricht" an unser Institut vergebenen Forschungsauftrag, Phasengleichgewichtsdaten für das System n-Propylazetat/n-Butylazetat/Wasser bei Drücken von ca. 100 bis 150 Torr zu ermitteln. Gleichzeitig bestand ein Interesse dafür, wie man mit einem Minimum an Kenntnissen von physikalischen Eigenschaften der einzelnen Komponenten unter sich und untereinander zu möglichst genauen Aussagen über das Gleichgewichtsverhalten eines Systems der genannten Art kommen kann; m. a. W.: es interessierte die Möglichkeit einer näherungsweisen theoretischen Vorausberechnung der thermodynamischen Eigenschaften eines ternären Mischsystems, das aus zwei miteinander praktisch ideal mischbaren und hinsichtlich einer dritten Komponente stark nichtideal mischbaren Komponenten besteht.

I. Theoretische Betrachtungen

1. *Thermodynamische Grundlagen*

Die mittlere molare freie Enthalpie

$$\overline{G} \equiv \frac{G}{\sum_{k=1}^{\nu} n_k}$$

einer Mischphase ist bei konstanter Temperatur T und bei konstantem Druck P gleich der Summe der mit den jeweiligen Molenbrüchen

$$x_k \equiv \frac{n_k}{\sum_{k=1}^{\nu} n_k}$$

multiplizierten chemischen Potentiale

$$\mu_k \equiv \left(\frac{\partial G}{\partial n_k}\right)_{P,\,T,\,i \neq k}$$

der einzelnen Komponenten k:

$$(\overline{G})_{P,\,T} = \sum_{k=1}^{\nu} x_k\, \mu_k\,. \tag{1.1}$$

Eine totale Änderung der mittleren molaren freien Enthalpie läßt sich dann einerseits durch

$$d\overline{G} = \sum_{k=1}^{\nu} x_k\, d\mu_k + \sum_{k=1}^{\nu} \mu_k\, dx_k\,, \tag{1.2}$$

andererseits bei Verwendung der Gibbsschen Fundamentalgleichung

$$dG = V\,dP - S\,dT + \sum_{k=1}^{\nu} \mu_k\, dn_k \tag{1.3a}$$

durch

$$d\overline{G} = \overline{V}\,dP - \overline{S}\,dT + \sum_{k=1}^{\nu} \mu_k\, dx_k \tag{1.3b}$$

wiedergeben. Da (1.2) und (1.3b) die gleiche Änderung beschreiben, folgt somit, daß

$$\overline{S}\,dT - \overline{V}\,dP + \sum_{k=1}^{\nu} x_k\, d\mu_k = 0 \tag{1.4}$$

sein muß. Das ist die bekannte Gibbs-Duhemsche Beziehung, die unter isothermen Bedingungen in

$$-\overline{V}\,dP + \sum_{k=1}^{\nu} x_k\, d\mu_k = 0 \tag{1.5}$$

übergeht. Da die Relation

$$x_l = 1 - \sum_{i} x_i \qquad (i = \text{alle } k \neq l) \tag{1.6}$$

besteht, ergibt sich für die chemischen Potentiale beim Übergang zu einer anderen Zusammensetzung des ν-komponentigen Mischsystems das System von $\nu - 1$ Differentialgleichungen

$$-\bar{V}\frac{dP}{dx_i} + \sum_{k=1}^{\nu} x_k \frac{\partial \mu_k}{\partial x_i} = 0 \qquad \begin{matrix}(T = \text{const}) \\ (i = \text{alle } k \neq l)\,.\end{matrix} \tag{1.7}$$

Außerdem ist, wenn die Molenbrüche x_i einzeln lediglich auf Kosten von x_l geändert werden und P, T sowie die übrigen unabhängigen Molenbrüche x_j ($j \neq i$ und l) konstant bleiben, gemäß (1.1)

$$\left(\frac{\partial \bar{G}}{\partial x_i}\right)_{T,P,j\neq i \text{ und } l} = \mu_i - \mu_l \tag{1.8}$$

sowie in Verbindung von (1.1) mit (1.6) unter Berücksichtigung von (1.8)

$$\mu_l = (\bar{G})_{P,T} - \sum_i x_i\,(\mu_i - \mu_l) = (\bar{G})_{P,T} - \sum_i x_i \left(\frac{\partial \bar{G}}{\partial x_i}\right)_{P,T,j}. \tag{1.9}$$

Da jeder Stoff in der Mischphase als Komponente l angesehen werden kann, ist somit jedes chemische Potential aus dem Konzentrationsverlauf von $\bar{G}$ ermittelbar.

Wir wollen uns nunmehr isotherm-isobaren Phasenübergängen in einem heterogenen System zuwenden. Bekanntlich stehen zwei Phasen $'$ und $''$ oder S und L (die Strichindizierung wollen wir später ausschließlich zur Kennzeichnung einer flüssigen Phase in Verbindung mit einer Dampfphase verwenden) miteinander im Gleichgewicht, wenn die Variation der freien Enthalpie

$$(\delta G)_{P,T} = 0 \tag{1.10}$$

ist. Da wir ein abgeschlossenes System voraussetzen und folglich die Nebenbedingung

$$\delta n_k' + \delta n_k'' = 0 \tag{1.11}$$

für jede einzelne Komponente k erfüllt sein muß, folgt aus der Gibbsschen Fundamentalgleichung (1.3a) die für Phasengleichgewichtsuntersuchungen grundlegende Bedingung

$$\mu_k' = \mu_k''\,, \tag{1.12}$$

die besagt, daß im thermodynamischen Gleichgewicht die chemische Potentiale der einzelnen Stoffe in den verschiedenen Phasen gleich sind.

Das chemische Potential einer Komponente k in einer Gasmischung kann nun nach Lewis [1] in der Form

$$\mu_k'' = \mu_{0k}''(T) + R\,T \ln P_k^{*} \tag{1.13}$$

dargestellt werden, wobei anstelle des Partialdrucks P_k unter Berücksichtigung des realen Gasverhaltens die sog. „Fugazität" P_k^{*} tritt. $\mu_{0k}''(T)$ ist das meist auf 1 Atm bezogene Standardpotential, das nur von T abhängig ist. Andererseits läßt sich das chemische Potential derselben Komponente k in der mit der Dampfphase im Gleichgewicht stehenden flüssigen Mischung durch

$$\mu_k' = \mu_{0k}'(P, T) + R\,T \ln x_k' f_k \tag{1.14}$$

wiedergeben, wobei f_k als „Aktivitätskoeffizient" bezeichnet wird und $\mu_{0k}'(P, T)$ wieder ein Standardpotential darstellt, das man durch die Beziehung

$$\mu_{0k}'(P, T) = \mu_{0k}''(T) + R\,T \ln P_{0k}^{*} \tag{1.15}$$

an das Standardpotential der Gasmischung anschließt. P_{0k}^{*} ist hierbei die durch das reale Gasverhalten bedingte Fugazität der reinen Komponente k beim Gesamtdruck P und der Temperatur T der Mischung. Da die beiden Potentiale μ_k' und μ_k'' gemäß Gl. (1.12) einander gleich sein müssen, folgt aus (1.13) und (1.14) unter Berücksichtigung von (1.15) für den Aktivitätskoeffizienten

$$f_k = \frac{P_k^*}{x_k' \, P_{0k}^*} . \tag{1.16}$$

Mit abnehmendem Druck nähert sich das Verhalten einer realen Gasmischung dem einer Mischung von Gasen, die dem idealen Gasgesetz gehorchen:

$$\lim_{P \to 0} \left(\frac{P_k^*}{P_k} \right) = 1 . \tag{1.17}$$

Dann geht Gl. (1.16) unter Berücksichtigung des DALTONschen Gesetzes

$$\frac{P_k}{x_k''} = P \tag{1.18}$$

über in

$$f_k = \frac{P_k}{x_k' \, P_{0k}} = \frac{x_k''}{x_k'} \cdot \frac{P}{P_{0k}} , \tag{1.19}$$

und es ist

$$\mu_k' = \mu_{0k}' + R \, T \ln \frac{P_k}{P_{0k}} . \tag{1.20}$$

Da weiterhin der Ausdruck

$$\left| \frac{\bar{V}'}{R \, T} \cdot \frac{dP}{dx_k'} \right| < 10^{-3} \tag{1.21}$$

bei den gewöhnlich interessierenden Verdampfungsgleichgewichten bleibt [2], geht das Differentialgleichungssystem (1.7) unter Verwendung von (1.20) über in

$$\sum_{k=1}^{\nu} x_k' \frac{\partial \ln P_k}{\partial x_i'} = 0 \quad \begin{array}{l} (T = \text{const}) \\ (i = \text{alle } k \neq l) . \end{array} \tag{1.22}$$

Diese für isotherme Phasengleichgewichte äußerst wichtigen Differentialgleichungen sind als DUHEM-MARGULESsche Gleichungen bekannt. Berücksichtigt man Gl. (1.19), so kann man wegen

$$\sum_{k=1}^{\nu} x_k' \frac{\partial \ln x_k'}{\partial x_i'} = x_l' \frac{\partial \ln x_l'}{\partial x_i'} + x_i' \frac{\partial \ln x_i'}{\partial x_i'} = 0 \tag{1.23}$$

wie man unter Beachtung von (1.6) erkennt, das System der DUHEM-MARGULESschen Differentialgleichungen auch in der Gestalt

$$\sum_{k=1}^{\nu} x_k' \frac{\partial \ln f_k}{\partial x_i'} = 0 \quad \begin{array}{l} (T = \text{const}) \\ (i = \text{alle } k \neq l) \end{array} \tag{1.24}$$

schreiben.

Für die Praxis wichtig ist sodann noch die Frage nach dem funktionellen Zusammenhang zwischen der Zusammensetzung der flüssigen Mischung und der des koexistenten Dampfes. Ist die allgemeine Gleichgewichtszahl durch

$$K_k \equiv \frac{x_k''}{x_k'} \tag{1.25}$$

und der allgemeinen Trennfaktor (die „relative Flüchtigkeit") durch

$$\alpha_{i/l} \equiv \frac{K_i}{K_l} = \frac{x_i''}{x_i'} \cdot \frac{x_l'}{x_l''} \tag{1.26}$$

definiert, so folgt nach Einsetzen von (1.19) in (1.25) bzw. (1.26)

$$K_k = f_k \cdot \frac{P_{0k}}{P} = f_k \cdot K_{0k} \qquad (1.27)$$

sowie

$$\alpha_{i/l} = \frac{f_i}{f_l} \cdot \frac{P_{0i}}{P_{0l}} = \frac{f_i}{f_l} \cdot \alpha_{0,i/l} \,. \qquad (1.28)$$

Die Größen K_{0k} und $\alpha_{0,i/l}$ werden dabei aus später einzusehenden Gründen als ideale Gleichgewichtszahl bzw. als idealer Trennfaktor bezeichnet. Bei Kenntnis aller $\alpha_{i/l}$ und unter Beibehaltung der Vereinfachung (1.19) für die Aktivitätskoeffizienten f_k ist dann x_i'' darstellbar gemäß

$$x_i'' = \frac{f_i x_i' P_{0i}}{P} = \frac{f_i x_i' P_{0i}}{\sum\limits_k f_k x_k' P_{0k}} = \frac{\alpha_{i/l} x_i'}{1 + \sum\limits_i (\alpha_{i/l} - 1) x_i'} \,, \qquad (1.29)$$

wenn (1.6) berücksichtigt wird. Die $\nu - 1$ Gleichungen (1.29) können geometrisch aufgefaßt werden als topologische Abbildung des definierten Gebietes der flüssigen Mischungen x_i' auf das des Gleichgewichtsdampfes x_i''.

2. *Phasengleichgewicht dampfförmig-flüssig idealer binärer Systeme*

Man definiert: Ein ideales binäres System ($\nu = 2$) bestehend aus den Komponenten $k = S1$ und $S2$ sei eine Flüssigkeitsmischung mit vollständiger gegenseitiger Mischbarkeit und folgenden thermodynamischen Eigenschaften:

$$\frac{1}{R\,T} (\mu_{Si}' - \mu_{0\,Si}') - \ln x_{Si}' = 0 \qquad (i = 1,2) \qquad (2.1)$$

$$\frac{\partial \mu_{Si}'}{\partial P} - \frac{\partial \mu_{0\,Si}'}{\partial P} \equiv \Delta V_{Si}' = 0 \qquad (i = 1,2) \qquad (2.2)$$

$$T^2 \left(\frac{\partial(\mu_{Si}' : T)}{\partial T} - \frac{\partial(\mu_{0\,Si}' : T)}{\partial T} \right) \equiv -\Delta H_{Si}' = 0 \qquad (i = 1,2) \,. \qquad (2.3)$$

Ein solches System zeigt also weder Volumeneffekte noch Wärmetönungen beim Mischen und hat, wie der Vergleich von (2.1) mit (1.14) zeigt, den konstanten Aktivitätskoeffizienten

$$f_{Si} = 1 \qquad \text{für} \qquad 0 \leq x_{Si}' \leq 1 \,. \qquad (2.4)$$

Letzteres bedeutet, daß das nach Raoult benannte Gesetz

$$\frac{P_{Si}}{x_{Si}'} = P_{0\,Si} \qquad (2.5)$$

im ganzen Konzentrationsintervall gültig ist, wie auch aus Gl. (1.19) folgt.

Für das so definierte System erhalten wir gemäß Gl. (1.29) folgende analytische Darstellung der Gleichgewichtskurve $x_{S1}'' = f(x_{S1}')$:

$$x_{S1}'' = \frac{\alpha_0 x_{S1}'}{1 + (\alpha_0 - 1) x_{S1}'} \,, \qquad (2.6)$$

wenn wir berücksichtigen, daß sich die Beziehungen (1.27) und (1.28) jetzt in der Gestalt

$$K_{S1} \equiv \frac{x_{S1}''}{x_{S1}'} = \frac{P_{0\,S1}}{P} \equiv K_{0\,S1} \,; \qquad K_{S2} \equiv \frac{1 - x_{S1}''}{1 - x_{S1}'} = \frac{P_{0\,S2}}{P} \equiv K_{0\,S2} \qquad (2.7)$$

und

$$\alpha_{S1/S2} \equiv \frac{x''_{S1}(1 - x'_{S1})}{x'_{S1}(1 - x''_{S1})} = \frac{P_{0\,S1}}{P_{0\,S2}} \equiv \alpha_0 \tag{2.8}$$

schreiben lassen. Dabei haben wir $\alpha_{0,\,S1/S2}$ durch α_0 abgekürzt und uns außerdem dahingehend festgelegt, daß wir aus irgendeinem Grund die Komponente $S1$ in der Schreibweise bevorzugen wollen. Mit Hilfe von (2.6) folgt aus (2.7) und (2.8)

$$K_{0\,S1} = \alpha_0 - (\alpha_0 - 1)\, x''_{S1}$$

$$\frac{1}{K_{0\,S2}} = \frac{\alpha_0}{K_{0\,S1}} = 1 + (\alpha_0 - 1)\, x'_{S1} \tag{2.9}$$

oder umgekehrt

$$x'_{S1} = \frac{\dfrac{1}{K_{0\,S2}} - 1}{\alpha_0 - 1}\,; \qquad x''_{S1} = \frac{\alpha_0 - K_{0\,S1}}{\alpha_0 - 1}\,. \tag{2.10}$$

Somit finden wir schließlich

$$x'_{S1} = \frac{\dfrac{P}{P_{0\,S2}} - 1}{\dfrac{P_{0\,S1}}{P_{0\,S2}} - 1}\,; \qquad x''_{S1} = \frac{\dfrac{P_{0\,S1}}{P_{0\,S2}} - \dfrac{P_{0\,S1}}{P}}{\dfrac{P_{0\,S1}}{P_{0\,S2}} - 1}\,. \tag{2.11}$$

Sofern $T = \text{const}$ ist, sind auch $P_{0\,Si}$ und folglich α_0 Konstante. Die Gleichungen (2.11) geben dann die isothermen Dampfdruckkurven $P = f(x'_{S1}$ bzw. $x''_{S1})$ in inverser Form und die Gleichung (2.6) die isotherme Gleichgewichtskurve wieder. Im erstgenannten Fall erhalten wir als Kurvenbilder eine Gerade bzw. einen Hyperbelabschnitt, im letztgenannten Fall ebenfalls einen Bogen einer gleichseitigen Hyperbel. Ist dagegen $P = \text{const}$ und ist die Temperaturabhängigkeit der Dampfdrücke der reinen Komponenten etwa in der Form $\log P_{0\,Si} = f\left(\frac{1}{T}\right)$ bekannt, so geben die Gleichungen (2.11) jetzt die isobaren Siede-Kondensations-Kurven $T = f(x'_{S1}$ bzw. $x''_{S1})$ in inverser Form und die Gleichung (2.6) die isobare Gleichgewichtskurve wieder. Da α_0 im letzten Fall keine Konstante mehr ist, sondern eine Funktion der Temperatur, weicht die Kurve mehr oder weniger stark von der Gestalt einer Hyperbel ab.

Kennt man statt der Funktionen $\log P_{0\,Si} = f\left(\frac{1}{T}\right)$ wenigstens die mittleren molaren Verdampfungswärmen $L_{0\,Si}$ in dem in Frage kommenden Temperaturintervall, so gelangt man am einfachsten durch Integration der bekannten Clausius-Clapeyronschen Differentialgleichung

$$\frac{d \log P_{0\,Si}}{d\left(\dfrac{1}{T}\right)} = -\frac{L_{0\,Si}\,[\text{cal}]}{4{,}574} \tag{2.12}$$

zu

$$\log K_{0\,Si} = \frac{L_{0\,Si}}{4{,}574\, T_{0\,Si}} \cdot \frac{T - T_{0\,Si}}{T} \tag{2.13}$$

und

$$\log \alpha_0 = \frac{L_{0\,S1}}{4{,}574\, T_{0\,S1}} \cdot \frac{T - T_{0\,S1}}{T} + \frac{L_{0\,S2}}{4{,}574\, T_{0\,S2}} \cdot \frac{T_{0\,S2} - T}{T} \tag{2.14}$$

und damit gemäß (2.10) zu den Gleichungen

$$x'_{S1} = f(T) = \frac{10^{\frac{L_{0\,S2}}{4{,}574\,T_{0\,S2}} \cdot \frac{T_{0\,S2} - T}{T}} - 1}{10^{\frac{1}{4{,}574}\left(\frac{L_{0\,S1}}{T_{0\,S1}} \cdot \frac{T - T_{0\,S1}}{T} + \frac{L_{0\,S2}}{T_{0\,S2}} \cdot \frac{T_{0\,S2} - T}{T}\right)} - 1},$$

$$x''_{S1} = f(T) = \frac{10^{\frac{1}{4{,}574}\left(\frac{L_{0\,S1}}{T_{0\,S1}} \cdot \frac{T - T_{0\,S1}}{T} + \frac{L_{0\,S2}}{T_{0\,S2}} \cdot \frac{T_{0\,S2} - T}{T}\right)} - 10^{\frac{L_{0\,S1}}{4{,}574\,T_{0\,S1}} \cdot \frac{T - T_{0\,S1}}{T}}}{10^{\frac{1}{4{,}574}\left(\frac{L_{0\,S1}}{T_{0\,S1}} \cdot \frac{T - T_{0\,S1}}{T} + \frac{L_{0\,S2}}{T_{0\,S2}} \cdot \frac{T_{0\,S2} - T}{T}\right)} - 1} \tag{2.15}$$

wie in [3] näher ausgeführt ist.

Abschließend geben wir eine Übersicht in Anlehnung an eine von Ebert und Tschamler [4] geschaffene Zusammenstellung über Systeme, die in zunehmendem Maße die Bedingungen (2.1), (2.2) und (2.3) der idealen Mischbarkeit erfüllen (zu beachten sind jedoch die Ausführungen von Kuhn, [5]):

I. Gemische von Nachbarn in homologen Reihen;
Beispiel $C_6H_6/C_6H_5CH_3$ mit $|\Delta \bar{H}| < 20$ cal,

II. Gemische, deren Komponenten sich in einem Substituenten unterscheiden;
Beispiel C_6H_5Br/C_6H_5J mit $|\Delta \bar{H}| < 20$ cal,

III. Gemische von Strukturisomeren;
Beispiel o-$C_6H_4(CH_3)_2$/p-$C_6H_4(CH_3)_2$,

IV. Gemische von Stereoisomeren;
Beispiel cis-$C_2H_2(COOH)_2$/trans-$C_2H_2(COOH)_2$,

V. Gemische von Molekülen mit isotopen Atomen;
Beispiel H_2O/D_2O mit $|\Delta \bar{V}| < 0{,}003$,

VI. Gemische von Spiegelbildisomeren;
Beispiel d-$C_2H_2ClOH(COOH)_2$/l-$C_2H_2ClOH(COOH)_2$.

Je idealer das vorgegebene System ist, je weniger sich also die Moleküle der beiden flüssigen Komponenten in ihrer geometrischen und physikalischen Beschaffenheit voneinander unterscheiden, um so mehr nähert sich α_0 dem Wert 1. Diese Erfahrung steht in Übereinstimmung mit Ansichten der statistischen Mechanik, wonach ideale Gemische mit um so größerer Annäherung zu erwarten sind, je ähnlicher einander in Größe und Gestalt die beiden Molekülarten $S1$ und $S2$ sind und je besser die Wechselwirkungsenergie zwischen $S1$- und $S2$-Molekülen gleich dem arithmetischen Mittel der Wechselwirkungsenergien zwischen $S1$-Molekülen untereinander und zwischen $S2$-Molekülen untereinander gesetzt werden kann [2].

3. Phasengleichgewicht dampfförmig-flüssig stark nichtidealer binärer Systeme

Man definiert [6]: Ein stark nichtideales binäres System ($\nu = 2$) bestehend aus den Komponenten $k = Si$ und LO sei eine Flüssigkeitsmischung mit breiter Mischungslücke ($x'_{Si,OL} \gtrsim 0$ und $x'_{Si,OS} \lesssim 1$; vgl. Abb. 1) und heteroazeotropem Verhalten ($x'_{Si,OL} < x''_{Si,OE} < x'_{Si,OS}$), die die Eigenschaft besitzt, daß im Bereich der Mischbarkeit $0 \leq x'_{Si} \leq x'_{Si,OL}$ und $x'_{Si,OS} \leq x'_{Si} \leq 1$

$$\frac{1}{R\,T}(\mu'_{Si} - \mu'_{0\,Si}) - \ln x'_{Si} = \text{const} \tag{3.1}$$

gilt. Wegen der DUHEM-MARGULESschen Gleichung (1.24), die hier die Gestalt

$$x'_{Si}\,\frac{\partial \ln f_{Si}}{\partial x'_{Si}} + (1 - x'_{Si})\,\frac{\partial \ln f_{LO}}{\partial x'_{Si}} = 0 \tag{3.2}$$

annimmt, wegen den Randbedingungen

$$\lim_{x'_{Si}\to 0} P_{Si} = 0\,; \qquad \lim_{x'_{Si}\to 1} P_{Si} = P_{0\,Si} \tag{3.3}$$

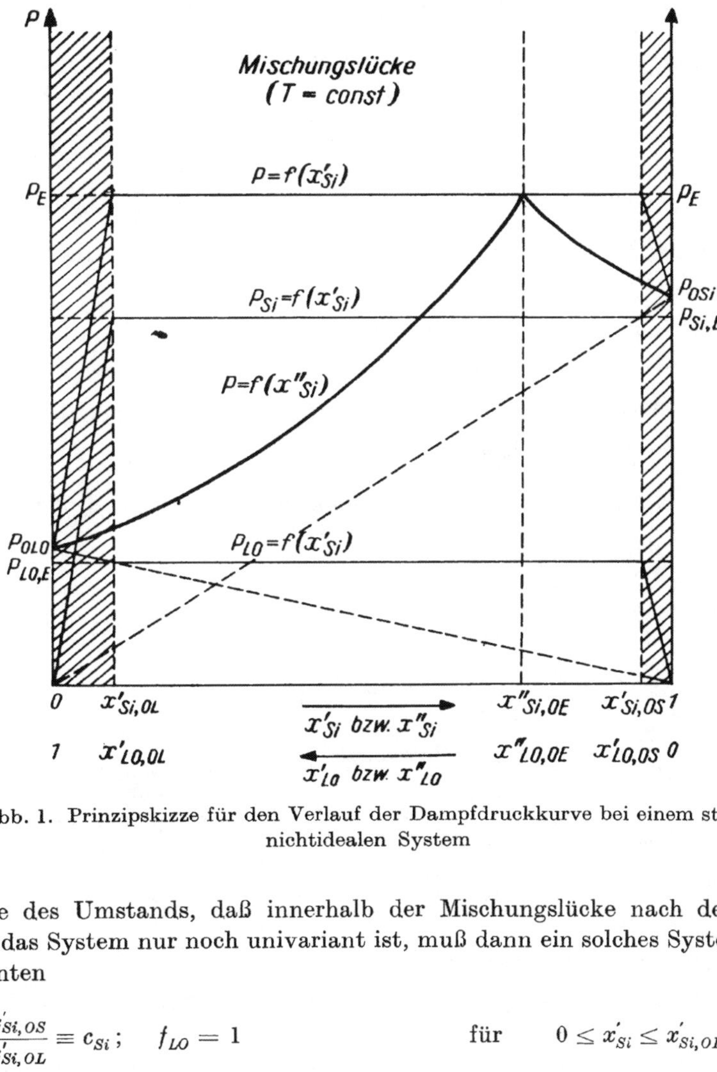

Abb. 1. Prinzipskizze für den Verlauf der Dampfdruckkurve bei einem stark nichtidealen System

sowie infolge des Umstands, daß innerhalb der Mischungslücke nach der GIBBSschen Phasenregel das System nur noch univariant ist, muß dann ein solches System die Aktivitätskoeffizienten

$$f_{Si} = \frac{x'_{Si,OS}}{x'_{Si,OL}} \equiv c_{Si}\,; \qquad f_{LO} = 1 \qquad \text{für} \qquad 0 \le x'_{Si} \le x'_{Si,OL} \tag{3.4a}$$

$$f_{Si} = \frac{x'_{Si,OS}}{x'_{Si}}\,; \qquad f_{LO} = \frac{1 - x'_{Si,OL}}{1 - x'_{Si}} \qquad \text{für} \qquad x'_{Si,OL} \le x'_{Si} \le x'_{Si,OS} \tag{3.4b}$$

$$f_{Si} = 1\,; \qquad f_{LO} = \frac{1 - x'_{Si,OL}}{1 - x_{Si,OS}} \equiv c_{LO(Si)} \qquad \text{für} \qquad x'_{Si,OS} \le x'_{Si} \le 1 \tag{3.4c}$$

besitzen. Letzteres bedeutet (s. Abb. 1), daß die bei vielen nichtidealen Systemen höchstens als Grenzgesetze für verdünnte Lösungen gültigen Gesetze von RAOULT und HENRY

$$\lim_{x'_{Si}\to 1} \frac{P_{Si}}{x'_{Si}} = P_{0Si} \tag{3.5a}$$

$$\lim_{x'_{Si}\to 0} \frac{P_{Si}}{x'_{Si}} = c_{Si}\, P_{0Si} \tag{3.5b}$$

im vorliegenden Fall auf den gesamten Bereich der Mischbarkeit ausgedehnt werden, wie auch aus Gl. (1.19) folgt. (Über die Grenzen der Anwendbarkeit der genannten Voraussetzungen auf teilweise mischbare Systeme siehe auch [7].)

Für das so definierte System erhalten wir gemäß Gl. (1.29) folgende analytische Darstellung der Gleichgewichtskurve $x''_{Si} = f(x'_{Si})$:

$$x''_{Si} = \frac{\alpha_{Si}\, x'_{Si}}{1 + (\alpha_{Si} - 1)\, x'_{Si}} \tag{3.6}$$

bzw. speziell

$$x''_{Si} = \frac{c_{Si}\, \alpha_{0Si}\, x'_{Si}}{1 + (c_{Si}\, \alpha_{0Si} - 1)\, x'_{Si}} \quad \text{für} \quad 0 \leq x'_{Si} \leq x'_{Si,OL} \tag{3.6a}$$

$$x''_{Si} = \frac{x'_{Si,OS}\, \alpha_{0Si}}{(1 - x'_{Si,OL}) + x'_{Si,OS}\, \alpha_{0Si}} \equiv x''_{Si,OE} \quad \text{für} \quad x'_{Si,OL} \leq x'_{Si} \leq x'_{Si,OS} \tag{3.6b}$$

$$x''_{Si} = \frac{\dfrac{1}{c_{LO(Si)}}\, \alpha_{0Si}\, x'_{Si}}{1 + \left(\dfrac{1}{c_{LO(Si)}}\, \alpha_{0Si} - 1\right) x'_{Si}} \quad \text{für} \quad x'_{Si,OS} \leq x'_{Si} \leq 1\,, \tag{3.6c}$$

wenn wir berücksichtigen, daß sich die Beziehungen (1.27) und (1.28) jetzt in der Gestalt

$$K_{Si} \equiv \frac{x''_{Si}}{x'_{Si}} = c_{Si} \frac{P_{0Si}}{P} = c_{Si}\, K_{0Si}\,;$$

$$K_{LO} \equiv \frac{1 - x''_{Si}}{1 - x'_{Si}} = \frac{P_{0LO}}{P} = K_{0LO} \quad \text{für} \quad 0 \leq x'_{Si} \leq x'_{Si,OL} \tag{3.7a}$$

$$K_{Si} \equiv \frac{x''_{Si}}{x'_{Si}} = \frac{x'_{Si,OS}}{x'_{Si}} \cdot \frac{P_{0Si}}{P} = \frac{x'_{Si,OS}}{x'_{Si}} \cdot K_{0Si}\,;$$

$$K_{LO} \equiv \frac{1 - x''_{Si}}{1 - x'_{Si}} = \frac{1 - x'_{Si,OL}}{1 - x'_{Si}} \cdot \frac{P_{0LO}}{P} = \frac{1 - x'_{Si,OL}}{1 - x'_{Si}} \cdot K_{0LO} \quad \text{für} \quad x'_{Si,OL} \leq x'_{Si} \leq x'_{Si,OS} \tag{3.7b}$$

$$K_{Si} \equiv \frac{x''_{Si}}{x'_{Si}} = \frac{P_{0Si}}{P} = K_{0Si}$$

$$K_{LO} \equiv \frac{1 - x''_{Si}}{1 - x'_{Si}} = c_{LO(Si)} \cdot \frac{P_{0LO}}{P} = c_{LO(Si)} \cdot K_{0LO} \quad \text{für} \quad x'_{Si,OS} \leq x'_{Si} \leq 1 \tag{3.7c}$$

und

$$\alpha_{Si} \equiv \frac{x''_{Si}\,(1 - x'_{Si})}{x'_{Si}\,(1 - x''_{Si})} = c_{Si}\, \alpha_{0Si} \quad \text{für} \quad 0 \leq x'_{Si} \leq x'_{Si,OL} \tag{3.8a}$$

$$\alpha_{Si} \equiv \frac{x''_{Si}\,(1 - x'_{Si})}{x'_{Si}\,(1 - x''_{Si})} = \frac{x'_{Si,OS}\,(1 - x'_{Si})}{x'_{Si}\,(1 - x'_{Si,OL})} \cdot \alpha_{0Si} \quad \text{für} \quad x'_{Si,OL} \leq x'_{Si} \leq x'_{Si,OS} \tag{3.8b}$$

$$\alpha_{Si} \equiv \frac{x''_{Si}\,(1 - x'_{Si})}{x'_{Si}\,(1 - x''_{Si})} = \frac{1}{c_{LO(Si)}} \cdot \alpha_{0Si} \quad \text{für} \quad x'_{Si,OS} \leq x'_{Si} \leq 1 \tag{3.8c}$$

schreiben lassen. Dabei haben wir $\alpha_{Si/LO}$ und $\alpha_{0,Si/OL}$ durch α_{Si} und α_{0Si} abgekürzt und uns außerdem dahingehend festgelegt, daß wir die Komponente *Si* in der Schreibweise bevorzugen wollen. Das bedeutet selbstverständlich keine Einschränkung der Allgemeinheit. Mit Hilfe von (3.6) folgt aus (3.7) und (3.8)

$$K_{Si} = \alpha_{Si} - (\alpha_{Si} - 1)\, x''_{Si} \qquad \text{für} \quad 0 \le x''_{Si} \le 1$$

$$\frac{1}{K_{LO}} = \frac{\alpha_{Si}}{K_{Si}} = 1 + (\alpha_{Si} - 1)\, x'_{Si} \qquad \begin{array}{ll} \text{für} & 0 \le x'_{Si} \le x'_{Si,OL} \\ \text{und} & x'_{Si,OS} \le x'_{Si} \le 1 \end{array} \tag{3.9}$$

oder umgekehrt

$$x'_{Si} = \frac{\dfrac{1}{K_{LO}} - 1}{\alpha_{Si} - 1} \qquad \text{für} \quad 0 \le x'_{Si} \le x'_{Si,OL} \quad \text{und} \quad x'_{Si,OS} \le x'_{Si} \le 1$$

$$x''_{Si} = \frac{\alpha_{Si} - K_{Si}}{\alpha_{Si} - 1} \qquad \text{für} \quad 0 \le x''_{Si} < x''_{Si,OE}\,; \quad x''_{Si,OE} < x''_{Si} \le 1 \tag{3.10}$$

Somit finden wir schließlich

$$x'_{Si} = \frac{\dfrac{P}{P_{0LO}} - 1}{c_{Si}\dfrac{P_{0Si}}{P_{0LO}} - 1} \qquad \text{für} \quad 0 \le x'_{Si} \le x'_{Si,OL}$$

$$x''_{Si} = \frac{c_{Si}\left(\dfrac{P_{0Si}}{P_{0LO}} - \dfrac{P_{0Si}}{P}\right)}{c_{Si}\dfrac{P_{0Si}}{P_{0LO}} - 1} \qquad \text{für} \quad 0 \le x''_{Si} < x''_{Si,OE} \tag{3.11a}$$

$$x'_{Si} = \frac{\dfrac{1}{c_{LO(Si)}} \cdot \dfrac{P}{P_{0LO}} - 1}{\dfrac{1}{c_{LO(Si)}} \cdot \dfrac{P_{0Si}}{P_{0LO}} - 1} \qquad \text{für} \quad x'_{Si,OS} \le x'_{Si} \le 1$$

$$x''_{Si} = \frac{\dfrac{1}{c_{LO(Si)}} \cdot \dfrac{P_{0Si}}{P_{0LO}} - \dfrac{P_{0Si}}{P}}{\dfrac{1}{c_{LO(Si)}} \cdot \dfrac{P_{0Si}}{P_{0LO}} - 1} \qquad \text{für} \quad x''_{Si,OE} < x''_{Si} \le 1 \tag{3.11c}$$

sowie den Dampfdruck des heterogenen Systems aus der Verknüpfung von (3.4b) mit (1.19)

$$P = P_{Si} + P_{LO} = x'_{Si,OS}\, P_{0Si} + (1 - x'_{Si,OL})\, P_{0LO} \equiv P_E \quad \text{für} \quad x''_{Si} = x''_{Si,OE}\,. \tag{3.11b}$$

Sofern $T = \text{const}$ ist, sind auch $x'_{Si,OG}$ ($G = S$ bzw. L) sowie P_{0k} und folglich α_{0Si} konstant. Die Gleichungen (3.11) geben dann die isothermen Dampfdruckkurven $P = f(x'_{Si}$ bzw. $x''_{Si})$ in inverser Form (s. Abb. 1) und die Gleichungen (3.6) die isotherme Gleichgewichtskurve wieder. Wir erhalten Kurvenbilder, die sich wieder als Teile von Geraden und Hyperbelästen erweisen. Ist dagegen $P = \text{const}$ und ist die Temperaturabhängigkeit der Dampfdrücke der reinen Komponenten ebenso wie die der Mischungslücke etwa in der Form $\log P_{0k} = f\left(\frac{1}{T}\right)$ und $x'_{Si,OG} = f(T)$ bekannt, so geben die Gleichungen (3.11) jetzt die isobaren Siede-Kondensations-Kurven $T = f(x'_{Si}$ bzw. $x''_{Si})$ in inverser Form und die Gleichungen (3.6) die isobare Gleichgewichtskurve wieder.

Kennt man statt der Funktionen $\log P_{0k} = f\left(\frac{1}{T}\right)$ wenigstens die mittleren molaren Verdampfungswärmen L_{0k} in dem in Frage kommenden Temperaturintervall, so gelangt man analog wie oben unter Verwendung der Formeln

$$\frac{d \log P_{0k}}{d\left(\frac{1}{T}\right)} = -\frac{L_{0k}\,[\mathrm{cal}]}{4{,}574} \tag{3.12}$$

$$\log K_{0k} = \frac{L_{0k}}{4{,}574\; T_{0k}} \cdot \frac{T - T_{0k}}{T} \tag{3.13}$$

$$\log \alpha_{0Si} = \frac{L_{0Si}}{4{,}574\; T_{0Si}} \cdot \frac{T - T_{0Si}}{T} + \frac{L_{0LO}}{4{,}574\; T_{0LO}} \cdot \frac{T_{0LO} - T}{T} \tag{3.14}$$

gemäß (3.7) und (3.10) zu den Gleichungen

$$x'_{Si} = f(T) = \frac{10^{\frac{L_{0LO}}{4{,}574 \cdot T_{0LO}} \cdot \frac{T_{0LO} - T}{T}} - 1}{c_{Si}(T) \cdot 10^{\frac{1}{4{,}574}\left(\frac{L_{0Si}}{T_{0Si}} \cdot \frac{T - T_{0Si}}{T} + \frac{L_{0LO}}{T_{0LO}} \cdot \frac{T_{0LO} - T}{T}\right)} - 1} \tag{3.15a}$$

$$x''_{Si} = f(T) = \frac{c_{Si}(T)\left[10^{\frac{1}{4{,}574}\left(\frac{L_{0Si}}{T_{0Si}} \cdot \frac{T - T_{0Si}}{T} + \frac{L_{0LO}}{T_{0LO}} \cdot \frac{T_{0LO} - T}{T}\right)} - 10^{\frac{L_{0Si}}{4{,}574\, T_{0Si}} \cdot \frac{T - T_{0Si}}{T}}\right]}{c_{Si}(T) \cdot 10^{\frac{1}{4{,}574}\left(\frac{L_{0Si}}{T_{0Si}} \cdot \frac{T - T_{0Si}}{T} + \frac{L_{0LO}}{T_{0LO}} \cdot \frac{T_{0LO} - T}{T}\right)} - 1}$$

für $0 \leq x'_{Si} \leq x'_{Si,OL}$ bzw. $0 \leq x''_{Si} \leq x''_{Si,OE}$

$$x'_{Si} = f(T) = \frac{\frac{1}{c_{LO(Si)}(T)} \cdot 10^{\frac{L_{0LO}}{4{,}574\, T_{0LO}} \cdot \frac{T_{0LO} - T}{T}} - 1}{\frac{1}{c_{LO(Si)}(T)} \cdot 10^{\frac{1}{4{,}574}\left(\frac{L_{0Si}}{T_{0Si}} \cdot \frac{T - T_{0Si}}{T} + \frac{L_{0LO}}{T_{0LO}} \cdot \frac{T_{0LO} - T}{T}\right)} - 1} \tag{3.15c}$$

$$x''_{Si} = f(T) = \frac{\frac{1}{c_{LO(Si)}(T)} \cdot 10^{\frac{1}{4{,}574}\left(\frac{L_{0Si}}{T_{0Si}} \cdot \frac{T - T_{0Si}}{T} + \frac{L_{0LO}}{T_{0LO}} \cdot \frac{T_{0LO} - T}{T}\right)} - 10^{\frac{L_{0Si}}{4{,}574\, T_{0Si}} \cdot \frac{T - T_{0Si}}{T}}}{\frac{1}{c_{LO(Si)}(T)} \cdot 10^{\frac{1}{4{,}574}\left(\frac{L_{0Si}}{T_{0Si}} \cdot \frac{T - T_{0Si}}{T} + \frac{L_{0LO}}{T_{0LO}} \cdot \frac{T_{0LO} - T}{T}\right)} - 1}$$

für $x'_{Si,OS} \leq x'_{Si} \leq 1$ bzw. $x''_{Si,OE} \leq x''_{Si} \leq 1$

Der nur durch schrittweise Annäherung zu erreichende Schnitt von $x''_{Si}(T)$ gemäß Gl. (3.15a) mit $x''_{Si}(T)$ gemäß Gl. (3.15c) bzw. der Schnitt von $x'_{Si}(T)$ mit $x'_{Si,OG}(T)$ liefert die Siedetemperatur T_E des Heteroazeotrops. T_E läßt sich auch mittels der aus Gl. (3.7b) oder (3.11b) folgenden Bedingung

$$x'_{Si,OS}(T_E) \cdot 10^{\frac{L_{0Si}}{4{,}574\, T_{0Si}} \cdot \frac{T_E - T_{0Si}}{T_E}} + (1 - x'_{Si,OL}(T_E)) \cdot 10^{\frac{L_{0LO}}{4{,}574\, T_{0LO}} \cdot \frac{T_E - T_{0LO}}{T_E}} = 1 \tag{3.15b}$$

für $x'_{Si,OE} = x''_{Si,OE}$

finden. Man kann darüber hinaus sogar den Gang der azeotropen Zusammensetzung $x''_{Si,OE}$ mit der Temperatur T_E angeben, wenn man das für die Verdampfungswärmen L_{0k} gültige Temperaturintervall nicht überschreitet [6]. Nach Gl. (3.6b) ist nämlich bei Berücksichtiggung von (3.14)

$$x''_{Si,OE}(T_E) = \frac{x'_{Si,OS}(T_E) \cdot 10^{\frac{1}{4{,}574}\left(\frac{L_{0Si}}{T_{0Si}} \cdot \frac{T_E - T_{0Si}}{T_E} + \frac{L_{0LO}}{T_{0LO}} \cdot \frac{T_{0LO} - T_E}{T_E}\right)}}{(1 - x'_{Si,OL}(T_E)) + x'_{Si,OS}(T_E) \cdot 10^{\frac{1}{4{,}574}\left(\frac{L_{0Si}}{T_{0Si}} \cdot \frac{T_E - T_{0Si}}{T_E} + \frac{L_{0LO}}{T_{0LO}} \cdot \frac{T_{0LO} - T_E}{T_E}\right)}} \,. \tag{3.16}$$

Dabei sind T_{0Si} und T_{0LO} zwei zu einem Bezugsdruck P = const gehörende Siedetemperaturen.

Weiterhin sind wir in der Lage, über die mittlere molare Verdampfungswärme, die notwendig ist, um aus einer sehr großen Menge Flüssigkeit 1 Mol koexistenten Dampf bei konstanten Siedebedingungen zu erzeugen, eine Aussage zu treffen [6]. Diese Verdampfungswärme ist bekanntlich [8] gegeben durch den Ausdruck

$$\bar{L} = \bar{I}'' - \bar{I}' - (x''_{Si} - x'_{Si})\left(\frac{\partial \bar{J}'}{\partial x'_{Si}}\right)_T, \tag{3.17}$$

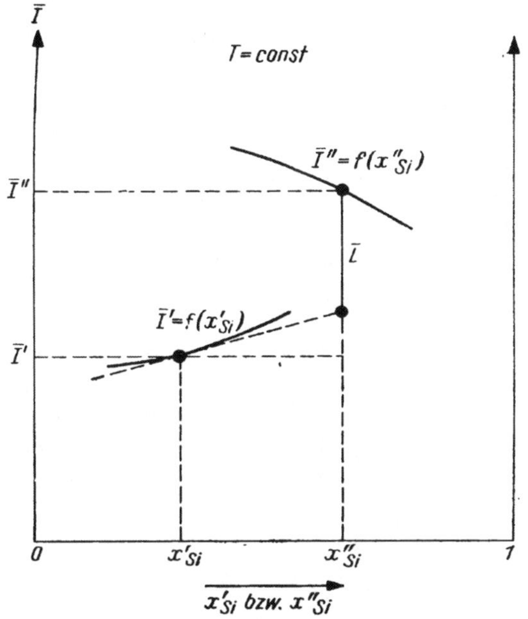

Abb. 2. Graphische Darstellung von $\bar{L}$ im MOLLIER-Diagramm

wie es auch graphisch in Abb. 2 an Hand eines MOLLIER-Diagramms dargestellt ist. Nun lassen sich im MOLLIER-Diagramm Siede- und Kondensationslinie analytisch durch die Formeln

$$\bar{I}' = x'_{Si} \int_{T_0}^{T} C'_{p,OSi}\, dT + (1 - x'_{Si}) \int_{T_0}^{T} C'_{p,OLO}\, dT + \Delta\bar{H}'\,(T, x'_{Si})$$

$$\bar{I}'' = x''_{Si}\left(L_{0Si} + \int_{T_0}^{T} C'_{p,OSi}\, dT\right) + (1 - x''_{Si})\left(L_{0LO} + \int_{T_0}^{T} C'_{p,OSi}\, dT\right) + \Delta\bar{H}''(T, x''_{Si}) \tag{3.18}$$

wiedergeben. Dabei bedeuten $\Delta\bar{H}''(T, x''_{Si})$ die integrale isotherme Mischungswärme in der Gasphase, die man jedoch als sehr klein ansehen darf und bei Voraussetzung idealen Verhaltens in der Gasphase

$$\Delta\bar{H}''(T, x''_{Si}) = 0 \tag{3.19}$$

setzen muß, sowie $\Delta\bar{H}'(T, x''_{Si})$ die integrale isotherme Mischungswärme

$$\Delta\bar{H}'(T, x'_{Si}) = x'_{Si}\, \Delta H'_{Si} + (1 - x'_{Si})\, \Delta H'_{LO} \tag{3.20}$$

in der flüssigen Phase. Letztere kann auf Grund der bereits in Gl. (2.3) verwendeten Definition für die partielle molare Mischungswärme unter Berücksichtigung von Gl. (1.14)

$$\Delta\bar{H}'(T, x'_{Si}) = -RT^2\left[x'_{Si}\left(\frac{\partial \ln f_{Si}}{\partial T}\right)_{x'_{Si}} + (1 - x'_{Si})\left(\frac{\partial \ln f_{LO}}{\partial T}\right)_{x'_{Si}}\right] \tag{3.21}$$

geschrieben werden. Daher wird aus Gl. (3.17) unter Beachtung der Beziehungen (3.4)

$$\overline{L} = L_{0Si}\, x''_{Si} + L_{0LO}\,(1 - x''_{Si}) + + R\,T^2 \left(\frac{\frac{d}{dT} x'_{Si,OS}}{x'_{Si,OS}} - \frac{\frac{d}{dT} x'_{Si,OL}}{x'_{Si,OL}} \right) x''_{Si} \quad \text{für} \quad 0 \leq x''_{Si} \leq x''_{Si,OE} \tag{3.22a}$$

$$\overline{L} = L_{0Si}\, x''_{Si} + L_{0LO}\,(1 - x''_{Si}) + R\,T^2 \left(\frac{\frac{d}{dT} x'_{Si,OS}}{x'_{Si,OS}}\, x''_{Si} - \frac{\frac{d}{dT} x'_{Si,OL}}{1 - x'_{Si,OL}}\,(1 - x''_{Si}) \right)$$

$$\equiv \overline{L}_E = -\,4{,}574 \frac{\partial \log P_E}{\partial\left(\frac{1}{T}\right)} \quad \text{für} \quad x''_{Si} = x''_{Si,OE} \tag{3.22b}$$

$$\overline{L} = L_{0Si}\, x''_{Si} + L_{0LO}\,(1 - x''_{Si}) + + R\,T^2 \left(\frac{\frac{d}{dT} x'_{Si,OS}}{1 - x'_{Si,OS}} - \frac{\frac{d}{dT} x'_{Si,OL}}{1 - x'_{Si,OL}} \right)(1 - x''_{Si}) \quad \text{für} \quad x''_{Si,OE} < x''_{Si} \leq 1\,. \tag{3.22c}$$

Sodann wollen wir noch einige allgemeine Aussagen über stark nichtideale Systeme anschließen. Wie uns bereits bekannt ist, haben die an den Grenzen $x'_{Si,OG}$ der Mischungslücke miteinander im isotherm-isobaren Gleichgewicht stehenden flüssigen Phasen der Gleichgewichtsbeziehung (1.12) zu genügen. Nun ist aber gemäß (1.9) die mittlere molare freie Enthalpie $\overline{G}'$ (P, T = const) mit den chemischen Potentialen μ'_{LO} und μ'_{Si} durch die Gleichungen

$$\mu'_{LO} = \overline{G}' - x'_{Si} \frac{\partial \overline{G}'}{\partial x'_{Si}} \tag{3.23a}$$

$$\mu'_{Si} = \overline{G}' + (1 - x'_{Si}) \frac{\partial \overline{G}'}{\partial x'_{Si}} \tag{3.23b}$$

verbunden. Subtraktion der Gl. (3.23a) von Gl. (3.23b) liefert

$$\frac{\partial \overline{G}'}{\partial x'_{Si}} = \mu'_{Si} - \mu'_{LO}\,, \tag{3.24}$$

was in Verbindung mit den aus (1.12) folgenden Beziehungen

$$\mu'_{Si,OS} = \mu'_{Si,OL} \tag{3.25a}$$

$$\mu'_{LO,OS} = \mu'_{LO,OL} \tag{3.25b}$$

auf die neuen Gleichgewichtsbedingungen

$$\left(\overline{G}' - x'_{Si} \frac{\partial \overline{G}'}{\partial x'_{Si}}\right)_{OS} = \left(\overline{G}' - x'_{Si} \frac{\partial \overline{G}'}{\partial x'_{Si}}\right)_{OL} \tag{3.26a}$$

$$\left(\overline{G}' + (1 - x'_{Si}) \frac{\partial \overline{G}'}{\partial x'_{Si}}\right)_{OS} = \left(\overline{G}' + (1 - x'_{Si}) \frac{\partial \overline{G}'}{\partial x'_{Si}}\right)_{OL} \tag{3.26b}$$

sowie

$$\left(\frac{\partial \overline{G}'}{\partial x'_{Si}}\right)_{OS} = \left(\frac{\partial \overline{G}'}{\partial x'_{Si}}\right)_{OL} \tag{3.27}$$

führt. Da nun jede Mischung der Zusammensetzung $x'_{Si,OL} < x'_{Si} < x'_{Si,OS}$ in die beiden Phasen mit den festen Grenzzusammensetzungen $x'_{Si,OL}$ und $x'_{Si,OS}$ entmischt, ist folglich die geometrische Gestalt der Funktion $\bar{G}' = f(x'_{Si})$ innerhalb der Mischungslücke eine Gerade. Entsprechend der geometrischen Deutung der Gln. (3.26) und (3.27) ist diese Gerade zugleich die gemeinsame Tangente an den Punkten $(x'_{Si,OL};\ \bar{G}'_{OL})$ und $(x'_{Si,OS};\ \bar{G}'_{OS})$ der Kurve $\bar{G}' = f(x'_{Si})$. Das wiederum hat zur Folge, daß

$$\frac{\partial^2 \bar{G}'}{\partial x'^2_{Si}} = 0 \qquad \text{für} \qquad x'_{Si,OL} \leq x'_{Si} \leq x'_{Si,OS} \tag{3.28}$$

sein muß, wie man auch geometrisch einsieht, wenn man die Gerade als Kurve mit der Krümmung Null auffaßt. (Von der möglichen Existenz metastabiler Bereiche sehen wir hier ab.) Da nun nach (3.24)

$$\frac{\partial^2 \bar{G}'}{\partial x'^2_{Si}} = \frac{\partial \mu'_{Si}}{\partial x'_{Si}} - \frac{\partial \mu'_{LO}}{\partial x'_{Si}} \tag{3.29}$$

und bei Berücksichtigung der Potentialzerlegung gemäß (1.14)

$$\frac{\partial^2 \bar{G}'}{\partial x'^2_{Si}} = R\,T\left(\frac{1}{x'_{Si}\,(1 - x'_{Si})} + \frac{\partial \ln (f_{Si} : f_{LO})}{\partial x'_{Si}}\right) \tag{3.30}$$

gilt, muß somit

$$\frac{1}{x'_{Si}\,(1 - x'_{Si})} + \frac{\partial}{\partial x'_{Si}} \ln \frac{f_{Si}}{f_{LO}} = 0 \qquad \text{für} \qquad x'_{Si,OL} \leq x'_{Si} \leq x'_{Si,OS} \tag{3.31}$$

sein. Daß diese Bedingung in der Tat erfüllt ist, erkennt man, wenn man unter Berücksichtigung von (1.28) Gl. (3.8b) in der angegebenen Weise differenziert. Da der erste Term in (3.31) positiv ist, muß zwangsläufig

$$\frac{\partial}{\partial x'_{Si}} \ln \frac{f_{Si}}{f_{LO}} = \frac{\partial \ln \alpha_{Si}}{\partial x'_{Si}} < 0 \qquad \text{für} \qquad x'_{Si,OL} \leq x'_{Si} \leq x'_{Si,OS} \tag{3.32}$$

sein, was speziell für den heteroazeotropen Punkt $x'_{Si} = x'_{Si,OE} = x''_{Si,OE}$ zur Folge hat:

$$\left(\frac{\partial \ln \alpha_{Si}}{\partial x'_{Si}}\right)_{x'_{Si,OE}} < 0\,. \tag{3.33}$$

Das bedeutet: Ein stark nichtideales System hat stets ein Dampfdruckmaximum bzw. Temperaturminimum; d. h., es besitzt stets ein „positives Heteroazeotrop (Si, LO —.—)“ (Swietoslawski, [9]).

Abschließend geben wir eine Übersicht über Systeme, die in zunehmendem Maße die Bedingung (3.1) der stark nichtidealen Mischbarkeit erfüllen:

I. Systeme, deren Komponenten einesteils eine ausgeprägte Fähigkeit zur Assoziatbildung (meist in Form von Wasserstoffbrückenbindungen) besitzen, andererseits völlig oder fast assoziationsunfähig sind; Beispiel H_2O/C_6H_6,

II. Systeme, deren Komponenten einesteils nichtmetallischen, andererseits metallischen Charakter tragen; Beispiel CCl_4/Hg.

Je stärker nichtideal das vorgegebene System ist, je mehr sich also die Moleküle der beiden flüssigen Komponenten in ihrer geometrischen und physikalischen Beschaffenheit grundlegend voneinander unterscheiden, um so mehr nähern sich $x'_{Si,OL}$ bzw. $x'_{Si,OS}$ dem Wert 0 bzw. 1. Dann kommt man an Stelle der Gln. (3.4), (3.6), (3.8), (3.11b), (3,22b) zu den vereinzelt in Lehrbüchern genannten Formeln für „praktisch nicht mischbare Flüssigkeiten“, die wir hier in entsprechender Reihenfolge wiedergeben:

$$f_{Si}^{(0)} = \frac{1}{x'_{Si}}\,; \qquad f_{LO}^{(0)} = \frac{1}{1 - x'_{Si}} \tag{3.34}$$

$$x''^{(0)}_{Si} = \frac{\alpha_{0\,Si}}{1 + \alpha_{0\,Si}} \equiv x''^{(0)}_{Si,OE} \tag{3.35}$$

$$\alpha_{Si}^{(0)} = \frac{1 - x'_{Si}}{x'_{Si}}\,\alpha_{0\,Si} \tag{3.36}$$

$$P^{(0)} = P_{0\,Si} + P_{0\,LO} \equiv P_E^{(0)} \tag{3.37}$$

$$\overline{L}^{(0)} = L_{0\,Si}\,x''^{(0)}_{Si} + L_{0\,LO}\,(1 - x''^{(0)}_{Si}) \equiv \overline{L}_E^{(0)}\,. \tag{3.38}$$

Man kann sie zur Vorausberechnung von Phasengleichgewichtsdaten stark nichtidealer binärer Systeme „in nullter Näherung" verwenden.

4. *Phasengleichgewicht flüssig-flüssig und dampfförmig-flüssig eines ternären Systems mit ideal und stark nichtideal mischbaren Komponenten*

Das ternäre System ($\nu = 3$) werde gebildet durch zwei Komponenten $S1$ und $S2$ (gemeinsame Abkürzung Si), die untereinander ideal mischbar sind und gegenüber der dritten Komponente LO ein stark nichtideales Verhalten zeigen. Bei der Darstellung des Phasengleichgewichtes flüssig-flüssig in Gibbsschen Dreieckskoordinaten (s. Abb. 3) existiert dann eine „durchgehende Mischungslücke". Wir vereinbaren, den der Seite $\overline{S1, S2}$ benachbarten Zweig der Binodalkurve mit S, den dem Punkt LO benachbarten Zweig mit L zu kennzeichnen. Punkte im Dreiecksfeld, die auf diesen Kurvenzweigen liegen, tragen diese Abkürzungen als zweiten Index; sind sie Randpunkte dieser Kurvenzweige, d. h. gehören sie binären Systemen an, so wird das Zeichen o vorgesetzt. Für die mathematische Behandlung empfiehlt es sich außerdem, das Phasendreieck als Teil einer Koordinatenebene mit den schiefwinkligen Koordinaten x'_{S1} und x'_{S2} und mit LO als Achsenmittelpunkt aufzufassen. Dennoch werden wir gelegentlich die Koordinate x'_{LO} mit in unsere Formeln einbeziehen; sie ist jedoch nur als Abkürzung für den Ausdruck $1 - x'_{S1} - x'_{S2}$ aufzufassen. Wir orientieren schließlich unser System derart, daß mit $S1$ diejenige Komponente bezeichnet wird, die gegenüber LO die kleinere Mischungslücke aufweist. Dann werden in der Regel die Ungleichungen

$$0 \leq c_{S2} - c_{S1} \equiv \Delta c \tag{4.1}$$

und

$$0 \leq c_{LO(S2)} - c_{LO(S1)} \equiv \Delta c_{LO} \ll c_{LO(Si)} \quad (i = 1 \text{ bzw. } 2) \tag{4.2}$$

gelten. Wir wollen diesen Regelfall den weiteren Betrachtungen zugrunde legen.

Über das zwischen L und dem Punkt LO gelegene Gebiet der Mischbarkeit kann man folgende unmittelbare Aussage geben: Berücksichtigt man, daß in der Nachbarschaft von LO die Gültigkeit der Grenzgesetze von Raoult und Henry für verdünnte Lösungen

$$\lim_{x'_{LO} \to 1} \frac{P_{LO}}{x'_{LO}} = P_{0\,LO} \tag{4.3a}$$

$$\lim_{x'_{Si} \to 0} \frac{P_{Si}}{x'_{Si}} = c_{Si}\,P_{0\,Si} \tag{4.3b}$$

gemäß den Voraussetzungen über die starke Nichtidealität von $S1$ und $S2$ gegenüber LO auf das gesamte in Rede stehende Gebiet übertragen werden darf, so lassen sich in Übereinstimmung mit Auffassungen von HAASE [10] die Partialdrücke der drei vorgegebenen Komponenten in diesem Gebiet durch die Formeln

$$\begin{aligned} P_{S1} &= c_{S1}\, x'_{S1}\, P_{0S1} \\ P_{S2} &= c_{S2}\, x'_{S2}\, P_{0S2} \qquad \text{für} \qquad 0 \le x'_{Si} \le x'_{Si,L} \\ P_{LO} &= x'_{LO}\, P_{0LO} \end{aligned} \tag{4.4}$$

wiedergeben. Die gemäß (1.19) definierten Aktivitätskoeffizienten lauten also

$$\begin{aligned} f_{S1} &= c_{S1} \\ f_{S2} &= c_{S2} \qquad \text{für} \qquad 0 \le x'_{Si} \le x'_{Si,L} \\ f_{LO} &= 1 \end{aligned} \tag{4.5}$$

in Übereinstimmung mit den DUHEM-MARGULESschen Differentialgleichungen (1.24).

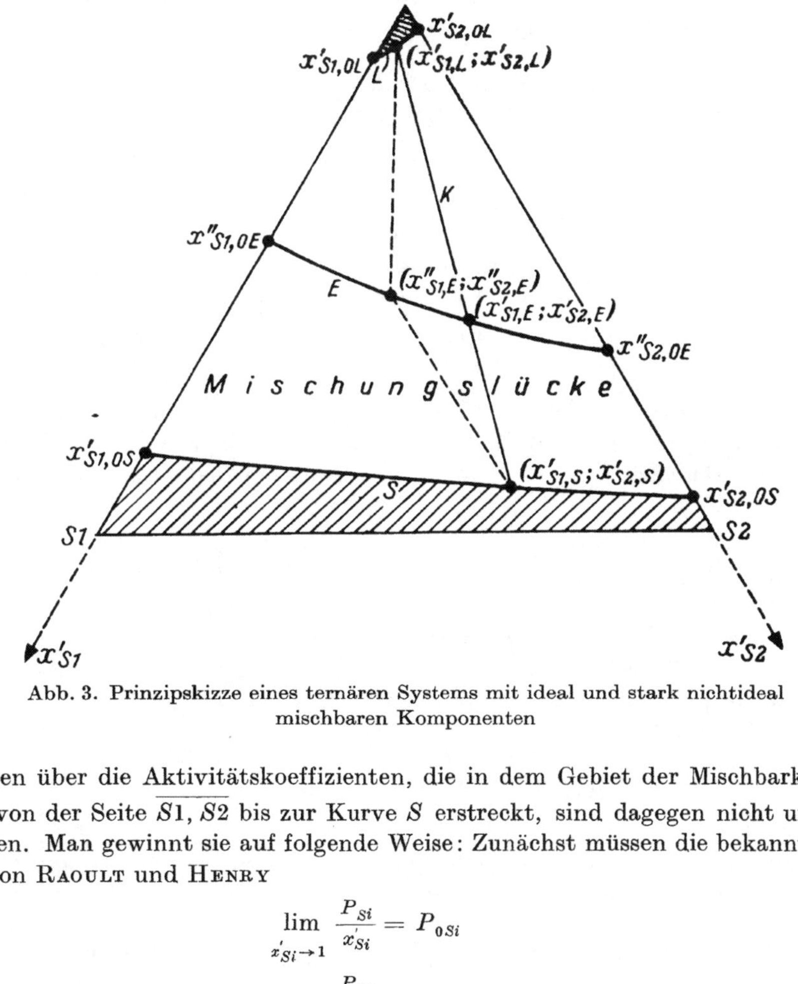

Abb. 3. Prinzipskizze eines ternären Systems mit ideal und stark nichtideal mischbaren Komponenten

Aussagen über die Aktivitätskoeffizienten, die in dem Gebiet der Mischbarkeit liegen, das sich von der Seite $\overline{S1, S2}$ bis zur Kurve S erstreckt, sind dagegen nicht unmittelbar zu erhalten. Man gewinnt sie auf folgende Weise: Zunächst müssen die bekannten Grenzgesetze von RAOULT und HENRY

$$\lim_{x'_{Si} \to 1} \frac{P_{Si}}{x'_{Si}} = P_{0Si} \tag{4.6a}$$

$$\lim_{x'_{Si} \to 1} \frac{P_{LO}}{x'_{LO}} = c_{LO(Si)}\, P_{0LO} \tag{4.6b}$$

wieder gelten. Dem Charakter des vorgegebenen ternären Systems entsprechend sind daher die Aktivitätskoeffizienten nur auf den Außenrändern des in Rede stehenden

Mischbarkeitsbereichs definiert:

$$\begin{array}{llll} f_{S1} = 1 & \text{und} & f_{LO} = c_{LO(S1)} & \text{für} \quad x'_{S2} = 0 \\ f_{S1} = 1 & \text{und} & f_{S2} = 1 & \text{für} \quad x'_{LO} = 0 \\ f_{S2} = 1 & \text{und} & f_{LO} = c_{LO(S2)} & \text{für} \quad x'_{S1} = 0\,. \end{array} \tag{4.7}$$

Der Aktivitätskoeffizient f_{LO} kann also innerhalb des Mischbarkeitsbereiches nicht mehr als konstant angesehen werden, was diesen Fall gegenüber (4.5) unterscheidet. Wir kommen zu einer sinnvollen Annahme für f_{LO} durch folgende Überlegungen.

Die freie molare Mischungsenthalpie $\Delta\overline{G}'$ ist gemäß (1.1) darstellbar in der Form

$$\Delta\overline{G}' = \sum_{k=1}^{\nu} x'_k \cdot \Delta\mu'_k \tag{4.8},$$

wobei $\Delta\mu'_k$ als Differenz $\mu'_k - \mu'_{0k}$ der chemischen Potentiale nach und vor der Mischung aufzufassen ist. Gemäß der Zerlegung (1.14) ist also

$$\Delta\overline{G}' = \sum_{k=1}^{\nu} x'_k \cdot R\,T \ln x'_k f_k \tag{4.9a}$$

oder

$$\Delta\overline{G}' = R\,T \sum_{k=1}^{\nu} x'_k \ln x'_k + R\,T \sum_{k=1}^{\nu} x'_k \ln f_k = \Delta^{id}\overline{G}' + \Delta^{E}\overline{G}' \tag{4.9b}$$

Dabei bedeuten $\Delta^{id}\overline{G}'$ die freie molare Mischungsenthalpie unter Annahme idealer Mischbarkeit und $\Delta^{E}\overline{G}'$ die auf der Abweichung vom idealen Verhalten beruhende freie molare Zusatzenthalpie (Exzeß-Enthalpie; siehe SCATCHARD, [11])

$$\Delta^{E}\overline{G}' = R\,T \sum_{k=1}^{\nu} x'_k \ln f_k = \sum_{k=1}^{\nu} x'_k \cdot \Delta^{E}\mu'_k\,. \tag{4.10}$$

Es erscheint nun in unserem vorliegenden Fall physikalisch sinnvoll anzunehmen, daß sich das chemische Zusatzpotential $\Delta^{E}\mu'_{LO}$ der Komponente LO beim isothermen Durchlaufen des Mischbarkeitsbereichs von der Seite $x'_{S1} = 0$ nach der Seite $x'_{S2} = 0$ linear mit dem relativen Molenbruch

$$\mathfrak{x}'_{Si} \equiv \frac{x'_{Si}}{x'_{S1} + x'_{S2}} \qquad (i = 1;\, 2)$$

verändert:

$$\Delta^{E}\mu'_{LO} = \sum_{i=1}^{2} \mathfrak{x}'_{Si} \cdot (\Delta^{E}\mu'_{LO})_{Si}\,. \tag{4.11}$$

Dann würde die gesuchte Funktion für f_{LO} gemäß (4.10) und bei Berücksichtigung der Randbedingungen (4.7)

$$\ln f_{LO} = \sum_{i=1}^{2} \mathfrak{x}'_{Si} \cdot \ln c_{LO(Si)} = \frac{x'_{S1} \ln c_{LO(S1)} + x'_{S2} \ln c_{LO(S2)}}{x'_{S1} + x'_{S2}} \tag{4.12}$$

lauten.

Unter diesen Voraussetzungen ist es möglich, für das System der DUHEM-MARGULESschen Differentialgleichungen (1.24), das jetzt die Form

$$\left.\begin{aligned} x'_{S1} \frac{\partial \ln f_{S1}}{\partial x'_{S1}} + x'_{S2} \frac{\partial \ln f_{S2}}{\partial x'_{S1}} &= - x'_{LO} \frac{\partial \ln f_{LO}}{\partial x'_{S1}} = \frac{x'_{S2}\, x'_{LO}}{(x'_{S1} + x'_{S2})^2} \cdot \Delta \ln c_{LO} \\ x'_{S1} \frac{\partial \ln f_{S1}}{\partial x'_{S2}} + x'_{S2} \frac{\partial \ln f_{S2}}{\partial x'_{S2}} &= - x'_{LO} \frac{\partial \ln f_{LO}}{\partial x'_{S2}} = - \frac{x'_{S1}\, x'_{LO}}{(x'_{S1} + x'_{S2})^2} \cdot \Delta \ln c_{LO} \end{aligned}\right\} \tag{4.13}$$

annimmt, Lösungen $f_{Si}(x'_{S1};\, x'_{S2})$ prinzipiell zu finden. (Wir setzen dabei der Abkürzung halber $\ln c_{LO(S2)} - \ln c_{LO(S1)} \equiv \Delta \ln c_{LO}$.) Solche Lösungen müssen, da sie die Randbedingungen (4.7) erfüllen sollen, in der Form

$$\ln f_{S1} = x'_{S2}\, x'_{LO} \Big[a_{00} + a_{10}\, x'_{S1} + a_{01}\, x'_{S2} + \\ + \sum_{n=2}^{\infty} (a_{n0}\, x'^{n}_{S1} + a_{(n-1)1}\, x'^{(n-1)}_{S1}\, x'_{S2} + \cdots + a_{0n}\, x'^{n}_{S2}) \Big] \tag{4.14a}$$

$$\ln f_{S2} = x'_{S1}\, x'_{LO} \Big[b_{00} + b_{10}\, x'_{S1} + b_{01}\, x'_{S2} + \\ + \sum_{n=2}^{\infty} (b_{n0}\, x'^{n}_{S1} + b_{(n-1)1}\, x'^{(n-1)}_{S1}\, x'_{S2} + \cdots + b_{0n}\, x'^{n}_{S2}) \Big] \tag{4.14b}$$

auftreten. Zur Ermittlung der Koeffizienten a und b differenzieren wir zunächst die Gleichungen (4.14). Wir erhalten

$$\frac{\partial \ln f_{S1}}{\partial x'_{S1}} = - x'_{S2}\, [a_{00} + \cdots] + x'_{S2}\, x'_{LO} \Big[a_{10} + \sum_{n=2}^{\infty} \big(n\, a_{n0}\, x'^{(n-1)}_{S1} + \\ + (n-1)\, a_{(n-1)1}\, x'^{(n-2)}_{S1}\, x'_{S2} + \cdots + a_{1(n-1)}\, x'^{(n-1)}_{S2}\big) \Big] \tag{4.15a}$$

$$\frac{\partial \ln f_{S1}}{\partial x'_{S2}} = x'_{LO}\, [a_{00} + \cdots] - x'_{S2}\, [a_{00} + \cdots] + \\ + x'_{S2}\, x'_{LO} \Big[a_{01} + \sum_{n=2}^{\infty} \big(a_{(n-1)1}\, x'^{(n-1)}_{S1} + \cdots + (n-1)\, a_{1(n-1)}\, x'_{S1}\, x'^{(n-2)}_{S2} + n\, a_{0n}\, x'^{(n-1)}_{S2}\big) \Big]$$

$$\frac{\partial \ln f_{S2}}{\partial x'_{S2}} = - x'_{S1}\, [b_{00} + \cdots] + x'_{S1}\, x'_{LO} \Big[b_{01} + \sum_{n=2}^{\infty} \big(b_{(n-1)1}\, x'^{(n-1)}_{S1} + \\ + \cdots + (n-1)\, b_{1(n-1)}\, x'_{S1}\, x'^{(n-2)}_{S2} + n\, b_{0n}\, x'^{(n-1)}_{S2}\big) \Big]. \tag{4.15b}$$

$$\frac{\partial \ln f_{S2}}{\partial x'_{S1}} = x'_{LO}\, [b_{00} + \cdots] - x'_{S1}\, [b_{00} + \cdots] + \\ + x'_{S1}\, x'_{LO} \Big[b_{10} + \sum_{n=2}^{\infty} \big(n\, b_{n0}\, x'^{(n-1)}_{S1} + (n-1)\, b_{(n-1)1}\, x'^{(n-2)}_{S1}\, x'_{S2} + \cdots + b_{1(n-1)}\, x'^{(n-1)}_{S2}\big) \Big]$$

Die linken Seiten der Differentialgleichungen (4.13) haben also die Form

$$x'_{S1} \frac{\partial \ln f_{S1}}{\partial x'_{S1}} + x'_{S2} \frac{\partial \ln f_{S2}}{\partial x'_{S1}} = x'_{S2}\, x'_{LO}\, [b_{00} + \cdots] - x'_{S1}\, x'_{S2} \Big[(a_{00} + b_{00}) + \\ + (a_{10} + b_{10})\, x'_{S1} + (a_{01} + b_{01})\, x'_{S2} + \sum_{n=2}^{\infty} \big((a_{n0} + b_{n0})\, x'^{n}_{S1} + \\ + \cdots + (a_{0n} + b_{0n})\, x'^{n}_{S2}\big) \Big] + x'_{S1}\, x'_{S2}\, x'_{LO} \Big[(a_{10} + b_{10}) + \\ + \sum_{n=2}^{\infty} \big(n\, (a_{n0} + b_{n0})\, x'^{(n-1)}_{S1} + \cdots + (a_{1(n-1)} + b_{1(n-1)})\, x'^{(n-1)}_{S2}\big) \Big] \tag{4.16a}$$

$$x'_{S1} \frac{\partial \ln f_{S1}}{\partial x'_{S2}} + x'_{S2} \frac{\partial \ln f_{S2}}{\partial x'_{S2}} = x'_{S1}\, x'_{LO}\, [a_{00} + \cdots] - x'_{S1}\, x'_{S2} \Big[(a_{00} + b_{00}) + \\ + (a_{10} + b_{10})\, x'_{S1} + (a_{01} + b_{01})\, x'_{S2} + \sum_{n=2}^{\infty} \big((a_{n0} + b_{n0})\, x'^{n}_{S1} + \\ + \cdots + (a_{0n} + b_{0n})\, x'^{n}_{S2}\big) \Big] + x'_{S1}\, x'_{S2}\, x'_{LO} \Big[(a_{01} + b_{01}) + \\ + \sum_{n=2}^{\infty} \big((a_{(n-1)1} + b_{(n-1)1})\, x'^{(n-1)}_{S1} + \cdots + n\, (a_{0n} + b_{0n})\, x'^{(n-1)}_{S2}\big) \Big]. \tag{4.16b}$$

Für die rechten Seiten von (4.13) kann man wegen

$$\frac{1}{(1 - x'_{LO})^2} \approx \frac{1}{1 - 2\,x'_{LO}} \approx 1 + 2\,x'_{LO} \tag{4.17}$$

folgende Näherungsfunktionen schreiben:

$$\frac{x'_{S2}\,x'_{LO}}{(x'_{S1} + x'_{S2})^2} \cdot \Delta \ln c_{LO} \approx x'_{S2}\,x'_{LO}\,(1 + 2\,x'_{LO}) \cdot \Delta \ln c_{LO} \tag{4.18a}$$

$$-\frac{x'_{S1}\,x'_{LO}}{(x'_{S1} + x'_{S2})^2} \cdot \Delta \ln c_{LO} \approx -\,x'_{S1}\,x'_{LO}\,(1 + 2\,x'_{LO}) \cdot \Delta \ln c_{LO}\,. \tag{4.18b}$$

Setzt man

$$\left.\begin{array}{ll} a_{00} = -3\,\Delta \ln c_{LO}\,; & b_{00} = 3\,\Delta \ln c_{LO}\,, \\ a_{10} = 2\,\Delta \ln c_{LO}\,; & b_{10} = -2\,\Delta \ln c_{LO}\,, \\ a_{01} = 2\,\Delta \ln c_{LO}\,; & b_{01} = -2\,\Delta \ln c_{LO}\,, \\ a_{(n-m)m} = 0\,; & b_{(n-m)m} = 0 \quad (n \geq 2\,;\; m \leq n) \end{array}\right\}, \tag{4.19}$$

so werden die mittels (4.19) gebildeten Näherungsbeziehungen (4.16) mit (4.18) identisch, und wir finden somit gemäß (4.14) als Näherungslösungen der Duhem-Margulesschen Differentialgleichungen (4.13)

$$\ln f_{S1} \approx -\,x'_{S2}\,x'_{LO}\,(1 + 2\,x'_{LO})\,\Delta \ln c_{LO} \tag{4.20a}$$

$$\ln f_{S2} \approx x'_{S1}\,x'_{LO}\,(1 + 2\,x'_{LO})\,\Delta \ln c_{LO}\,. \tag{4.20b}$$

Die Aktivitätskoeffizienten f_{S1} und f_{S2} sind dann unter Verwendung der bekannten Näherungsgleichung $e^{\pm\varepsilon} \approx 1 \pm \varepsilon$ leicht aufzuschreiben (s. unten). Für f_{LO} folgt aus (4.12)

$$f_{LO} = e^{\mathfrak{x}'_{S1} \ln c_{LO(S1)} + \mathfrak{x}'_{S2} \ln c_{LO(S2)}} \tag{4.21}$$

und nach geeigneten Umformungen unter Berücksichtigung der Identität $\mathfrak{x}'_{S1} + \mathfrak{x}'_{S2} \equiv 1$

$$f_{LO} = c_{LO(S1)} \cdot e^{\mathfrak{x}'_{S2}\,\Delta \ln c_{LO}} = c_{LO(S1)} \left(1 + \frac{\Delta c_{LO}}{c_{LO(S1)}}\right)^{\mathfrak{x}'_{S2}} \tag{4.22a}$$

bzw.

$$f_{LO} = c_{LO(S2)} \cdot e^{-\,\mathfrak{x}'_{S1}\,\Delta \ln c_{LO}} = c_{LO(S2)} \left(1 - \frac{\Delta c_{LO}}{c_{LO(S2)}}\right)^{\mathfrak{x}'_{S1}}. \tag{4.22b}$$

Reihenentwicklung schließlich gibt die Näherungsbeziehungen

$$f_{LO} \approx c_{LO(S1)} \left[1 + \mathfrak{x}'_{S2} \frac{\Delta c_{LO}}{c_{LO(S1)}} + \frac{\mathfrak{x}'_{S2}\,(\mathfrak{x}'_{S2} - 1)}{2} \left(\frac{\Delta c_{LO}}{c_{LO(S1)}}\right)^2\right] \tag{4.23a}$$

bzw.

$$f_{LO} \approx c_{LO(S2)} \left[1 - \mathfrak{x}'_{S1} \frac{\Delta c_{LO}}{c_{LO(S2)}} + \frac{\mathfrak{x}'_{S1}\,(\mathfrak{x}'_{S1} - 1)}{2} \left(\frac{\Delta c_{LO}}{c_{LO(S2)}}\right)^2\right]. \tag{4.23b}$$

Durch Mittelbildung finden wir schließlich

$$f_{LO} \approx \mathfrak{x}'_{S1}\,c_{LO(S1)} + \mathfrak{x}'_{S2}\,c_{LO(S2)} - \mathfrak{x}'_{S1}\,\mathfrak{x}'_{S2} \frac{(\Delta c_{LO})^2}{c_{LO(S1)} + c_{LO(S2)}}\,. \tag{4.24}$$

Somit lauten die gesuchten Aktivitätskoeffizienten

$$\left.\begin{array}{l} f_{S1} \approx 1 - x'_{S2}\,x'_{LO}\,(1 + 2\,x'_{LO})\,\Delta \ln c_{LO} \\ f_{S2} \approx 1 + x'_{S1}\,x'_{LO}\,(1 + 2\,x'_{LO})\,\Delta \ln c_{LO} \\ f_{LO} \approx \dfrac{x'_{S1}}{x'_{S1} + x'_{S2}}\,c_{LO(S1)} + \dfrac{x'_{S2}}{x'_{S1} + x'_{S2}}\,c_{LO(S2)} - \dfrac{x'_{S1}\,x'_{S2}}{(x'_{S1} + x'_{S2})^2}\,\dfrac{(\Delta c_{LO})^2}{c_{LO(S1)} + c_{LO(S2)}} \\ \qquad\qquad\qquad\qquad \text{für} \quad x'_{Si,S} \leq x'_{Si} \leq 1 \end{array}\right\}. \tag{4.25}$$

Sie ermöglichen, den ungefähren Verlauf der Partialdruckflächen über diesem Bereich vorauszuberechnen.

Es ist

$$\left.\begin{aligned} P_{S1} &\approx (1 - x'_{S2}\, x'_{LO}\, (1 + 2\, x'_{LO})\, \Delta \ln c_{LO})\, x'_{S1}\, P_{0S1} \\ P_{S2} &\approx (1 + x'_{S1}\, x'_{LO}\, (1 + 2\, x'_{LO})\, \Delta \ln c_{LO})\, x'_{S2}\, P_{0S2} \\ P_{LO} &\approx \left(x'_{S1}\, c_{LO(S1)} + x'_{S2}\, c_{LO(S2)} - \frac{x'_{S1}\, x'_{S2}}{x'_{S1} + x'_{S2}} \cdot \frac{(\Delta c_{LO})^2}{c_{LO(S1)} + c_{LO(S2)}}\right) \cdot \frac{x'_{LO}}{x'_{S1} + x'_{S2}}\, P_{0LO} \\ &\text{für} \quad x'_{Si,S} \leq x'_{Si} \leq 1 \end{aligned}\right\} . \tag{4.26}$$

Wir sind jetzt in den Stand versetzt, das isotherme Phasengleichgewicht flüssig-flüssig und insbesondere den Verlauf der Binodalkurvenzweige S und L sowie die Richtung der Konnoden im Gebiet der Mischungslücke, d. h. die Selektivität des Systems, vorausberechnen zu können. Hierzu gehen wir von der Grundbedingung (1.12) aus, wonach das chemische Potential einer Komponente k in zwei miteinander koexistierenden Phasen gleich sein muß. Bezogen auf die gesättigten Phasen S und L heißt das unter Berücksichtigung von (1.14)

$$x'_{k,S}\, f_{k,S} = x'_{k,L}\, f_{k,L} . \tag{4.27}$$

Hieraus folgen für $k = Si$ und die durch

$$\varkappa_{Si} \equiv \frac{x'_{Si,L}}{x'_{Si,S}} \tag{4.28}$$

in Analogie zu (1.25) definierten Gleichgewichtszahlen die Formeln

$$\varkappa_{S1} = \frac{f_{S1,S}}{f_{S1,L}} \approx \frac{1}{c_{S1}} [1 - x'_{S2,S}\, x'_{LO,S}\, (1 + 2\, x'_{LO,S})\, \Delta \ln c_{LO}] \tag{4.29a}$$

$$\varkappa_{S2} = \frac{f_{S2,S}}{f_{S2,L}} \approx \frac{1}{c_{S2}} [1 + x'_{S1,S}\, x'_{LO,S}\, (1 + 2\, x'_{LO,S})\, \Delta \ln c_{LO}] \tag{4.29b}$$

und ebenso für den durch

$$\beta \equiv \frac{\varkappa_{S1}}{\varkappa_{S2}} = \frac{x'_{S1,L}}{x'_{S1,S}} : \frac{x'_{S2,L}}{x'_{S2,S}} = \frac{f_{S2,L}}{f_{S1,L}} \cdot \frac{f_{S1,S}}{f_{S2,S}} \tag{4.30}$$

in Analogie zu (1.26) definierten Trennfaktor („Selektivität") die Beziehung

$$\beta \approx \frac{c_{S2}}{c_{S1}} \cdot \frac{1 - x'_{S2,S}\, x'_{LO,S}\, (1 + 2\, x'_{LO,S})\, \Delta \ln c_{LO}}{1 + x'_{S1,S}\, x'_{LO,S}\, (1 + 2\, x'_{LO,S})\, \Delta \ln c_{LO}} . \tag{4.31}$$

Gleichzeitig erhält man aus Gl. (4.27) für $k = LO$

$$\frac{x'_{LO,L}}{x'_{LO,S}} \equiv \frac{1 - x'_{S1,L} - x'_{S2,L}}{1 - x'_{S1,S} - x'_{S2,S}} = \frac{f_{LO,S}}{f_{LO,L}} \tag{4.32}$$

und bei Berücksichtigung von (4.5) und (4.28)

$$1 - \frac{f_{S1,S}}{c_{S1}}\, x'_{S1,S} - \frac{f_{S2,S}}{c_{S2}}\, x'_{S2,S} - f_{LO,S}\, (1 - x'_{S1,S} - x'_{S2,S}) = 0 . \tag{4.33}$$

Da die Größen $f_{k,S}$ Funktionen von $x'_{S1,S}$ und $x'_{S2,S}$ sind, stellt Gl. (4.33) den analytischen Ausdruck für die Grenzkurve S dar. Unter Verwendung von (4.25) erhält man nach Umformung und bei Vernachlässigung genügend kleiner Glieder

$$\begin{aligned} &\left[x'^3_{S1,S}\left(c_{LO(S1)} - \frac{1}{c_{S1}}\right) + x'^2_{S1,S}\, x'_{S2,S}\left(C + c_{LO(S1)} - \frac{2}{c_{S1}} - \frac{1}{c_{S2}}\right) + \right. \\ &\quad \left. + x'_{S1,S}\, x'^2_{S2,S}\left(C + c_{LO(S2)} - \frac{2}{c_{S2}} - \frac{1}{c_{S1}}\right) + x'^3_{S2,S}\left(c_{LO(S2)} - \frac{1}{c_{S2}}\right)\right] - \\ &\quad - [x'^2_{S1,S}\, (c_{LO(S1)} - 1) + x'_{S1,S}\, x'_{S2,S}\, (C - 2) + x'^2_{S2,S}\, (c_{LO(S2)} - 1)] = 0 . \end{aligned} \tag{4.33a}$$

Dabei bedeutet

$$C \equiv \frac{4c_{LO(S1)}\, c_{LO(S2)}}{c_{LO(S1)} + c_{LO(S2)}}.$$

Ist auch der Term

$$\mathfrak{x}'_{S1,S}\, \mathfrak{x}'_{S2,S} \cdot \frac{(\Delta c_{LO})^2}{c_{LO(S1)} + c_{LO(S2)}}$$

vernachlässigbar klein, d. h., kann man für f_{LO} selbst einen linearen Ansatz zulassen (s. Gl. (4.24)), so wird statt (4.33a)

$$\left[x'^2_{S1,S}\left(c_{LO(S1)} - \frac{1}{c_{S1}}\right) + x'_{S1,S}\, x'_{S2,S}\left(c_{LO(S1)} - \frac{1}{c_{S1}} + c_{LO(S2)} - \frac{1}{c_{S2}}\right) + x'^2_{S2,S}\left(c_{LO(S2)} - \frac{1}{c_{S2}}\right)\right] -$$
$$- \left[x'_{S1,S}\,(c_{LO(S1)} - 1) + x'_{S2,S}\,(c_{LO(S2)} - 1)\right] = 0\,. \tag{4.33b}$$

Jedes Wertepaar $(x'_{S1,S};\, x'_{S2,S})$, das die Gleichung (4.33) erfüllt und den Intervallbedingungen

$$0 \le x'_{S1,S} \le x'_{S1,OS} \quad \text{und} \quad x'_{S2,OS} \ge x'_{S2,S} \ge 0$$

unterliegt, stellt somit die Zusammensetzung einer bestimmten gesättigten Lösung der S-Phase dar, und die mit ihr koexistierende gesättigte Lösung der L-Phase hat dann gemäß (4.28) die Zusammensetzung

$$\left.\begin{aligned} x'_{S1,L} &= x'_{S1,S} \cdot \varkappa_{S1}(x'_{S1,S}\,;\, x'_{S2,S}) \\ x'_{S2,L} &= x'_{S2,S} \cdot \varkappa_{S2}(x'_{S1,S}\,;\, x'_{S2,S}) \end{aligned}\right\} \tag{4.34}$$

mit den Intervallbedingungen

$$0 \le x'_{S1,L} \le x'_{S1,OL} \quad \text{und} \quad x'_{S2,OL} \ge x'_{S2,L} \ge 0$$

für die entsprechenden Wertepaare $(x'_{S1,L};\, x'_{S2,L})$. Fassen wir daher etwa $x'_{S2,S}$ gemäß (4.33) als Funktion von $x'_{S1,S}$ auf, so sind die Gln. (4.34) zugleich eine Parameterdarstellung der Grenzkurve L. Will man eine anschauliche Darstellung der Abhängigkeit der Wertepaare $(x'_{S1,L};\, x'_{S2,L})$ von $(x'_{S1,S};\, x'_{S2,S})$, so empfiehlt sich folgender Weg: Es ist gemäß (4.30) nach Übergang zu Relativkoordinaten

$$\beta \equiv \frac{\mathfrak{x}'_{S1,L}}{\mathfrak{x}'_{S1,S}} : \frac{\mathfrak{x}'_{S2,L}}{\mathfrak{x}'_{S2,S}} = \frac{\mathfrak{x}'_{S1,L}\,(1 - \mathfrak{x}'_{S1,S})}{\mathfrak{x}'_{S1,S}\,(1 - \mathfrak{x}'_{S1,L})}\,. \tag{4.35}$$

Auflösung nach $\mathfrak{x}'_{S1,L}$ liefert dann die der Gl. (1.29) analoge Form

$$\mathfrak{x}'_{S1,L} = \frac{\beta\, \mathfrak{x}'_{S1,S}}{1 + (\beta - 1)\, \mathfrak{x}'_{S1,S}} \tag{4.36}$$

der Gleichgewichtskurve für das isotherme Phasengleichgewicht flüssig-flüssig. Hierbei ist β nicht als konstant anzusehen, sondern gemäß (4.31) und (4.33) als Funktion des jeweiligen Ortes auf S. Eine Abschätzung für β gewinnen wir aus Abschätzungen der Aktivitätskoeffizienten, Gl. (4.25). Es ist

$$1 - 0{,}2 \cdot \Delta \ln c_{LO} < f_{S1} \le 1 \tag{4.37a}$$

und

$$1 \le f_{S2} < 1 + 0{,}2 \cdot \Delta \ln c_{LO} \tag{4.37b}$$

sowie außerdem

$$c_{LO(S1)} \le f_{LO} \le c_{LO(S2)}\,, \tag{4.37c}$$

wenn 0,15 als obere Schranke für $x'_{LO,S}$ angenommen wird. (Nach Fromherz [12] sollte für alle stark nichtidealen Systeme der Molenbruch 0,10 bereits eine obere Schranke sein.)

Dann ist gemäß (4.31)

$$\frac{c_{S2}}{c_{S1}} \cdot \frac{1 - 0{,}2\,\Delta \ln c_{LO}}{1 + 0{,}2\,\Delta \ln c_{LO}} < \beta < \frac{c_{S2}}{c_{S1}}. \tag{4.38}$$

Fällt für einen Punkt $(x'_{S1};\, x'_{S2})$ im Inneren der Mischungslücke die Richtung der zugehörigen Konnode mit der Richtung der Verbindungsgeraden durch LO zusammen, so ist, wie man aus der entsprechenden mathematischen Beschreibung

$$\frac{x'_{S2,S} - \varkappa_{S2} \cdot x'_{S2,S}}{x'_{S1,S} - \varkappa_{S1} \cdot x'_{S1,S}} = \frac{x'_{S2,S}}{x'_{S1,S}} \tag{4.39}$$

schlußfolgern kann, an dieser Stelle $\beta = 1$ und gemäß (4.36) $\mathfrak{x}'_{S1,L} = \mathfrak{x}'_{S1,S}$. Diesen Punkt der Gleichgewichtskurve (4.36) bezeichnet man als „solutropen Punkt". Um ihn vorausberechnen zu können, muß daher neben Gl. (4.33) noch die aus Gl. (4.30) oder (4.39) resultierende Gleichung

$$\varkappa_{S1}(x'_{S1,S};\, x'_{S2,S}) - \varkappa_{S2}(x'_{S1,S};\, x'_{S2,S}) = 0 \tag{4.40}$$

gestellt werden. Da jedoch $\varkappa_{S1}$ und $\varkappa_{S2}$ nur näherungsweise bestimmbar sind, ist nicht zu erwarten, daß sich unter Heranziehung der Gln. (4.29) der solutrope Punkt genügend genau ermitteln läßt. Man kann jedoch die wichtige Frage untersuchen, wann mit dem Auftreten eines solchen Punktes sicher nicht zu rechnen ist, d. h., wann immer $\beta > 1$ bleibt. Das ist gemäß (4.38) offenbar dann der Fall, wenn

$$\frac{1 - 0{,}2 \cdot \Delta \ln c_{LO}}{1 + 0{,}2 \cdot \Delta \ln c_{LO}} > \frac{c_{S1}}{c_{S2}} \tag{4.41a}$$

bzw.

$$\frac{1}{\Delta \ln c_{LO}} \cdot \frac{c_{S2} - c_{S1}}{c_{S2} + c_{S1}} > 0{,}2 \tag{4.41b}$$

bleibt.

Nunmehr können wir auch das isotherme Phasengleichgewicht dampfförmig-flüssig und insbesondere den Verlauf der eutektoiden Kurve E sowie den Druck längs dieser Kurve vorausberechnen. So erhalten wir z. B. die Dampfzusammensetzung $(x''_{S1};\, x''_{S2})$ ganz allgemein durch Anwendung der Formeln (1.29) unter Berücksichtigung von (1.28):

$$\left.\begin{aligned} x''_{S1} &= \frac{\dfrac{f_{S1}}{f_{LO}}\,\alpha_{0S1}\, x'_{S1}}{1 + \left(\dfrac{f_{S1}}{f_{LO}}\,\alpha_{0S1} - 1\right) x'_{S1} + \left(\dfrac{f_{S2}}{f_{LO}}\,\alpha_{0S2} - 1\right) x'_{S2}} \\ x''_{S2} &= \frac{\dfrac{f_{S2}}{f_{LO}}\,\alpha_{0S2}\, x'_{S2}}{1 + \left(\dfrac{f_{S1}}{f_{LO}}\,\alpha_{0S1} - 1\right) x'_{S1} + \left(\dfrac{f_{S2}}{f_{LO}}\,\alpha_{0S2} - 1\right) x'_{S2}} \end{aligned}\right\}. \tag{4.42}$$

Für den Bereich $0 \leq x'_{Si} \leq x'_{Si,L}$ gelten dabei die Aktivitätskoeffizienten f_k gemäß Gl. (4.5), für den Bereich $x'_{Si,S} \leq x'_{Si} \leq 1$ in entsprechender Weise die Aktivitätskoeffizienten f_k gemäß Gl. (4.25). Im Gebiet der Mischungslücke $x'_{Si,L} \leq x'_{Si} \leq x'_{Si,S}$ ist die Dampfzusammensetzung in Übereinstimmung mit der GIBBSschen Phasenregel längs einer Konnode konstant und verändert sich lediglich beim Übergang zu anderen Konnoden. Legen wir die Zusammensetzung der S-Phase den Konnoden als Charakteristikum zugrunde, so folgt unter Berücksichtigung der Intervallbedingungen

$$0 \leq x''_{S1,E} \leq x''_{S1,OE} \quad \text{und} \quad x''_{S2,OE} \geq x''_{S2,E} \geq 0$$

für die Zusammensetzung des mit der heterogenen Flüssigkeit koexistierenden Dampfes

$$\left.\begin{aligned} x''_{S1,E} &= \frac{\dfrac{f_{S1,S}}{f_{LO,S}}\,\alpha_{0S1}\,x'_{S1,S}}{1+\sum\limits_{i=1}^{2}\left(\dfrac{f_{Si,S}}{f_{LO,S}}\,\alpha_{0Si}-1\right)x'_{Si,S}} \\ x''_{S2,E} &= \frac{\dfrac{f_{S2,S}}{f_{LO,S}}\,\alpha_{0S2}\,x'_{S2,S}}{1+\sum\limits_{i=1}^{2}\left(\dfrac{f_{Si,S}}{f_{LO,S}}\,\alpha_{0Si}-1\right)x'_{Si,S}} \end{aligned}\right\}. \tag{4.43}$$

Fassen wir wieder etwa $x'_{S2,S}$ gemäß (4.33) als Funktion von $x'_{S1,S}$ auf, so sind die Gln. (4.43) zugleich eine Parameterdarstellung der eutektoiden Kurve E. Für eine anschauliche Darstellung der Abhängigkeit der Wertepaare $(x''_{S1,E};\, x''_{S2,E})$ von $(x'_{S1,S};\, x'_{S2,S})$ empfiehlt sich wieder der Übergang zu Relativkoordinaten. Mit der Abkürzung

$$\frac{f_{S1,S}}{f_{S2,S}}\cdot\frac{\alpha_{0S1}}{\alpha_{0S2}} \equiv \frac{f_{S1,S}}{f_{S2,S}}\cdot\alpha_0 \equiv \alpha_S \tag{4.44}$$

folgt dann aus Gl. (4.43)

$$\mathfrak{x}''_{S1,E} = \frac{\alpha_S\,\mathfrak{x}'_{S1,S}}{1+(\alpha_S-1)\,\mathfrak{x}'_{S1,S}}. \tag{4.45}$$

Hierbei ist α_S wieder gemäß (4.44), (4.25) und (4.33) als Funktion des jeweiligen Ortes auf S aufzufassen. Eine Abschätzung für α_S gewinnen wir wie oben aus den Abschätzungen der Aktivitätskoeffizienten (4.37). Es folgt aus (4.44)

$$\frac{1-0{,}2\cdot\Delta\ln c_{LO}}{1+0{,}2\cdot\Delta\ln c_{LO}}\,\alpha_0 < \alpha_S \leq \alpha_0\,. \tag{4.46}$$

Es ist auch möglich, die Wertepaare $(x''_{S1,E};\, x''_{S2,E})$ in Abhängigkeit von $(x'_{S1,L};\, x'_{S2,L})$ darzustellen. Transformation der Gleichungen (4.43) mittels der Beziehung (4.27), Übergang zu Relativkoordinaten und Verwendung der Abkürzung

$$\frac{f_{S1,L}}{f_{S2,L}}\cdot\frac{\alpha_{0S1}}{\alpha_{0S2}} \equiv \frac{c_{S1}}{c_{S2}}\,\alpha_0 \equiv \alpha_L \tag{4.47}$$

führt nämlich auf die entsprechende Gleichung

$$\mathfrak{x}''_{S1,E} = \frac{\alpha_L\,\mathfrak{x}'_{S1,L}}{1+(\alpha_L-1)\,\mathfrak{x}'_{S1,L}}, \tag{4.48}$$

wobei α_L hier gemäß (4.47) als eine Konstante anzusehen ist. Noch sinnvoller ist es, wenngleich mathematisch schwieriger, den Konnoden als Charakteristikum die Zusammensetzung $(x'_{S1,E};\, x'_{S2,E})$ der eutektoiden Kurve E am Schnittpunkt mit ihnen (s. Abb. 3) zugrunde zu legen. Definiert man nun den Trennfaktor

$$\alpha \equiv \frac{\mathfrak{x}''_{S1,E}}{\mathfrak{x}'_{S1,E}} : \frac{\mathfrak{x}''_{S2,E}}{\mathfrak{x}'_{S2,E}} = \frac{\mathfrak{x}''_{S1,E}\,(1-\mathfrak{x}'_{S1,E})}{\mathfrak{x}'_{S1,E}\,(1-\mathfrak{x}''_{S1,E})} \tag{4.49}$$

in Analogie zu (4.35), so liefert Auflösung nach $\mathfrak{x}''_{S1,E}$ in entsprechender Form die analytische Darstellung

$$\mathfrak{x}''_{S1,E} = \frac{\alpha\,\mathfrak{x}'_{S1,E}}{1+(\alpha-1)\,\mathfrak{x}'_{S1,E}} \tag{4.50}$$

der Gleichgewichtskurve für das isotherme Phasengleichgewicht dampfförmig-flüssig im heterogenen Gebiet. Hierbei ist auch α ebensowenig wie β konstant, sondern von den

Eigenschaften der Binodalkurve abhängig. Da α wegen der monotonen Veränderlichkeit der Aktivitätskoeffizienten längs einer Konnode zwischen α_S und α_L liegen muß, ist eine Abschätzung für α möglich, wenn $\beta > 1$ vorausgesetzt wird. Wegen (4.41a) folgt nämlich aus (4.46) und (4.47)

$$\alpha_L = \frac{c_{S1}}{c_{S2}} \alpha_0 \leq \alpha \leq \alpha_S \leq \alpha_0 \,, \tag{4.51}$$

was insofern bedeutungsvoll ist, als hiermit bewiesen wird, daß für $\beta > 1$ unter den gegebenen Voraussetzungen der Trennfaktor bei einer Destillation heteroazeotroper Gemische

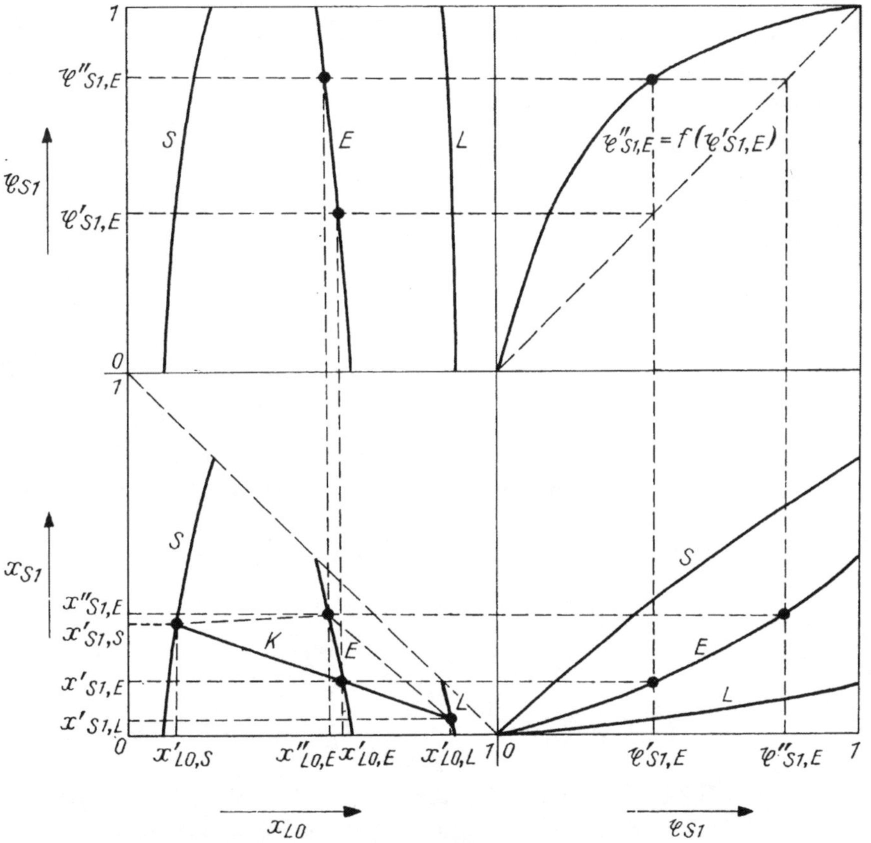

Abb. 4. Ermittlung der Gleichgewichtskurve dampfförmig-flüssig für das Dreiphasengebiet auf graphischem Wege

zweier ideal mischbarer Komponenten niemals größer sein kann als der Trennfaktor bei einer Destillation der beiden reinen Komponenten selbst. Je nachdem also $\alpha_0 > 1$ oder < 1 ist, ergibt sich eine etwas schlechtere bzw. bessere Trennwirkung als bei Vorliegen der reinen Komponenten $S1$ und $S2$.

Da es im allgemeinen schwer möglich ist, rein rechnerisch zu der Relativkoordinate $\mathfrak{x}'_{S1,E}$ mit dem zugehörigen Trennfaktor zu gelangen, empfiehlt sich eine graphische Lösung bei Kenntnis einer Reihe von Daten der S-, E- und L-Kurven (s. Abb. 4). Hierzu trägt man in ein Diagramm die Funktionen $x'_{S1,S} = f(x'_{LO,S})$, $x'_{S1,L} = f(x'_{LO,L})$ und $x_{S1,E} = f(x_{LO,E})$ ein.

Hat man sich einen Punkt $(x'_{S1,S};\, x'_{LO,S})$ vorgegeben, zu dem gemäß (4.34) und (4.43) die Punkte $(x'_{S1,L};\, x'_{LO,L})$ und $(x''_{S1,E};\, x''_{LO,E})$ gehören, so findet man den Punkt $(x'_{S1,E};\, x'_{LO,E})$, indem man $(x'_{S1,S};\, x'_{LO,S})$ mit $(x'_{S1,L};\, x'_{LO,L})$ verbindet und die Koordinaten des Schnittpunktes mit der Kurve $x_{S1,E} = f(x_{LO,E})$ notiert. Denn als Gleichung der Konnode kann

$$x'_{Si,K} = \frac{x'_{Si,L}\, x'_{LO,S} - x'_{Si,S}\, x'_{LO,L}}{x'_{LO,S} - x'_{LO,L}} + \frac{x'_{Si,S} - x'_{Si,L}}{x'_{LO,S} - x'_{LO,L}}\, x'_{LO,K} \tag{4.52}$$

geschrieben werden. Hat man noch in weiteren Diagrammen die wichtigen Funktionen

$$x_{S1,E} = f(\mathfrak{x}_{S1,E}) \qquad \text{und} \qquad \mathfrak{x}_{S1,E} = f(x_{LO,E}) \tag{4.53}$$

dargestellt, dann kann man nunmehr leicht $\mathfrak{x}'_{S1,E}$ ermitteln und die gesuchte Gleichgewichtskurve $\mathfrak{x}''_{S1,E} = f(\mathfrak{x}'_{S1,E})$ punktweise konstruieren, wie in Abb. 4 gezeigt. α ergibt sich dann bei Verwendung der Beziehung (4.49).

Fällt für einen Punkt $(x'_{S1};\, x'_{S2})$ im Inneren der Mischungslücke der zugehörige Dampfpunkt $(x''_{S1};\, x''_{S2})$ auf die gleiche Konnode, der auch der Flüssigkeitspunkt $(x'_{S1};\, x'_{S2})$ angehört, so ist an dieser Stelle $\mathfrak{x}'_{S1,E} = \mathfrak{x}''_{S1,E}$ und gemäß (4.50) $\alpha = 1$. Diesen Punkt der Gleichgewichtskurve (4.50) bezeichnet man als „ternären heteroazeotropen Punkt". Um ihn vorauszuberechnen, schlägt man folgenden Weg ein. Nach Voraussetzung liegt $(x''_{S1,E};\, x''_{S2,E})$ auf der Konnode mit den Endpunkten $(x'_{S1,S};\, x'_{S2,S})$ und $(x'_{S1,L};\, x'_{S2,L})$; folglich muß

$$D = \begin{vmatrix} x'_{S1,S} & x'_{S1,L} & x''_{S1,E} \\ x'_{S2,S} & x'_{S2,L} & x''_{S2,E} \\ 1 & 1 & 1 \end{vmatrix} = 0 \tag{4.54}$$

gelten („Bedingung für das indifferente Gleichgewicht"). Demzufolge ist wegen (4.34) und (4.43)

$$D = x'_{S1,S}\, x'_{S2,S} \begin{vmatrix} 1 & \varkappa_{S1} & \dfrac{f_{S1,S}\, \alpha_{0S1}}{f_{LO,S} + \sum\limits_{i=1}^{2} (f_{Si,S}\, \alpha_{0Si} - f_{LO,S})\, x'_{Si,S}} \\ 1 & \varkappa_{S2} & \dfrac{f_{S2,S}\, \alpha_{0S2}}{f_{OL,S} + \sum\limits_{i=1}^{2} (f_{Si,S}\, \alpha_{0Si} - f_{LO,S})\, x'_{Si,S}} \\ 1 & 1 & 1 \end{vmatrix} = 0\,. \tag{4.55}$$

Die Fälle $x'_{S1,S} = 0$ und $x'_{S2,S} = 0$ scheiden aus, da uns das Verhalten auf dem Rand, d. h. das Verhalten der binären Systeme, bekannt ist und hier nicht weiter interessiert. Bleibt noch der Fall zu untersuchen, daß die Determinante in Gl. (4.55) verschwindet. Das aber ist gleichbedeutend mit

$$\begin{aligned} &[(1 - \varkappa_{S2})\, f_{S1,S}\, \alpha_{0S1} - (1 - \varkappa_{S1})\, f_{S2,S}\, \alpha_{0S2}] - \\ &\quad - [(\varkappa_{S1} - \varkappa_{S2})\, (f_{S1,S}\, \alpha_{0S1}\, x'_{S1,S} + f_{S2,S}\, \alpha_{0S2}\, x'_{S2,S} + f_{LO,S}\, x'_{LO,S})] = 0\,. \end{aligned} \tag{4.56}$$

Bedingung (4.56) zusammen mit Gl. (4.33) liefert die durch die Zusammensetzung der S-Phase charakterisierte Konnode, auf der sich der ternäre heteroazeotrope Punkt befindet. Da jedoch die Aktivitätskoeffizienten nur näherungsweise bestimmbar sind, ist auch hier nicht zu erwarten, daß sich unter Heranziehung der Gln. (4.25) dieser Punkt genügend genau ermitteln läßt. Man kann jedoch die wichtige Frage untersuchen, wann mit dem Auftreten eines solchen Punktes sicher nicht zu rechnen ist, d. h., wann immer $D \neq 0$ bleibt.

Das ist gemäß (4.56) offenbar dann der Fall, wenn

$$f_{S1,S}\,\alpha_{0S1}\,x'_{S1,S} + f_{S2,S}\,\alpha_{0S2}\,x'_{S2,S} + f_{LO,S}\,x'_{LO,S} \gtrless f_{S1,S}\,\alpha_{0S1}\cdot\frac{1-\varkappa_{S2}}{\varkappa_{S1}-\varkappa_{S2}} - f_{S2,S}\,\alpha_{0S2}\cdot\frac{1-\varkappa_{S1}}{\varkappa_{S1}-\varkappa_{S2}} \tag{4.57}$$

oder — auf Grund der Abschätzungen (4.37) — wenn

$$(1 - 0{,}2\cdot\Delta\ln c_{LO})\cdot\mathrm{Min}\,(\alpha_{0Si})\cdot 0{,}85 >$$

$$> \alpha_{0S1}\,\frac{c_{S1}(c_{S2}-1)}{c_{S2}(1-0{,}2\cdot\Delta\ln c_{LO}) - c_{S1}(1+0{,}2\cdot\Delta\ln c_{LO})} - \alpha_{0S2}\,\frac{c_{S2}(c_{S1}-1)}{c_{S2}-c_{S1}} \tag{4.58a}$$

bzw.

$$(1 + 0{,}2\cdot\Delta\ln c_{LO})\cdot\mathrm{Max}\,(\alpha_{0Si}) + c_{LO(S2)} <$$

$$< (1 - 0{,}2\cdot\Delta\ln c_{LO})\,\alpha_{0S1}\,\frac{c_{S1}(c_{S2}-[1+0{,}2\cdot\Delta\ln c_{LO}])}{c_{S2}-c_{S1}}$$

$$- (1 + 0{,}2\cdot\Delta\ln c_{LO})\,\alpha_{0S2}\,\frac{c_{S2}(c_{S1}-[1-0{,}2\cdot\Delta\ln c_{LO}])}{c_{S2}(1-0{,}2\cdot\Delta\ln c_{LO}) - c_{S1}(1+0{,}2\cdot\Delta\ln c_{LO})} \tag{4.58b}$$

bleibt. Dann wird auch der Dampfdruck P_E längs der eutektoiden Kurve E bzw. — auf Grund der Gibbsschen Phasenregel — über dem gesamten Entmischungsgebiet von der Seite $\overline{S2, LO}$ bis zur Seite $\overline{S1, LO}$ hin monoton ansteigen bzw. abfallen, je nachdem

$$P_{0S1}\,x'_{S1,OS} - P_{0S2}\,x'_{S2,OS} \gtrless P_{0LO}\,(x'_{S1,OL} - x'_{S2,OL}) \tag{4.59}$$

ist, wie schon aus Gl. (3.11b) folgt. Denn würde P_E ein Extremum durchlaufen, so müßte dort zugleich ein ternärer heteroazeotroper Punkt vorliegen (vgl. [13]), was wir jedoch ausgeschlossen haben. Allgemein beträgt der Dampfdruck P_E im Gebiet der Mischungslücke

$$P_E = P_{0LO} + (c_{S1}\,P_{0S1} - P_{0LO})\,x'_{S1,L} + (c_{S2}\,P_{0S2} - P_{0LO})\,x'_{S2,L} \tag{4.60a}$$

bzw.

$$P_E = f_{LO,S}\,P_{0LO} + (f_{S1,S}\,P_{0S1} - f_{LO,S}\,P_{0LO})\,x'_{S1,S} + (f_{S2,S}\,P_{0S2} - f_{LO,S}\,P_{0LO})\,x'_{S2,S}\,, \tag{4.60b}$$

je nachdem man den Konnoden die L- oder die S-Kurve als Basis zuerteilt. (Die Koordinaten $x'_{S1,L}$ und $x'_{S1,L}$ bzw. $x'_{S1,S}$ und $x'_{S2,S}$ sind selbstverständlich durch die Beziehungen (4.33) bzw. (4.34) miteinander verknüpft.) Die Dampfdruckfläche $P = f(x'_{S1};\,x'_{S2})$ über dem Gebiet $x'_{Si,L} \leq x'_{Si} \leq x'_{Si,S}$ ist also geometrisch gesehen eine sog. Regelfläche. Um den Verlauf von P_E durch dieses Gebiet zu veranschaulichen, empfiehlt sich für die Praxis die Darstellung

$$P_E = f(\mathfrak{x}'_{S1,E}) \qquad \text{und} \qquad P_E = f(\mathfrak{x}''_{S1,E})\,, \tag{4.61}$$

die zusammen mit den Darstellungen der Gleichgewichtskurve, Gl. (4.50), sowie des Verlaufs von

$$x''_{LO,E} = f(\mathfrak{x}'_{S1,E}) \tag{4.62}$$

das isotherme Phasengleichgewicht dampfförmig-flüssig umfassend beschreibt. Will man das ternäre System unter isobaren Bedingungen vorausberechnen, so kann das nur auf die Weise geschehen, daß man genügend viele isotherme Schnitte in dem in Frage kommenden Temperaturintervall untersucht.

Schließlich interessiert uns noch der Grenzfall der „praktischen Nichtmischbarkeit" von $S1$ und $S2$ mit LO. In diesem Fall erstreckt sich die Mischungslücke über den gesamten Bereich des Gibbsschen Phasendreiecks, und an Stelle der Gln. (4.5), (4.25), (4.31), (4.33),

(4.36), (4.43), (4.50), (4.51), (4.60 bzw. 4.61), (4.62) treten dann die Gleichungen

$$f^{(0)}_{S1,L} = \infty \, ; \; f^{(0)}_{S2,L} = \infty \, ; \; f^{(0)}_{LO,L} = 1 \tag{4.63}$$

$$f^{(0)}_{S1,S} = 1 \;\; ; \; f^{(0)}_{S2,S} = 1 \, ; \; f^{(0)}_{LO,S} = \infty \tag{4.64}$$

$$\beta^{(0)} = 1 \tag{4.65}$$

$$1 - f^{(0)}_{LO,S} \, (1 - x'^{(0)}_{S1,S} - x'^{(0)}_{S2,S}) = 0 \tag{4.66a}$$

$$x'^{(0)}_{S1,S} + x'^{(0)}_{S2,S} - 1 = 0 \tag{4.66b}$$

$$\mathfrak{x}'^{(0)}_{S1,L} = \mathfrak{x}'^{(0)}_{S1,S} \tag{4.67}$$

$$x''^{(0)}_{Si,E} = \frac{\alpha_{0\,Si}\, x'^{(0)}_{Si,S}}{1 + \sum\limits_{i=1}^{2} \alpha_{0\,Si}\, x'^{(0)}_{Si,S}} \tag{4.68}$$

$$\alpha^{(0)}_{L} = \alpha^{(0)} = \alpha^{(0)}_{S} = \alpha_0 \tag{4.69}$$

$$\mathfrak{x}''^{(0)}_{S1,E} = \frac{\alpha_0\, x'^{(0)}_{S1,S}}{1 + (\alpha_0 - 1)\, x'^{(0)}_{S1,S}} \tag{4.70}$$

$$P^{(0)}_{E} = P_{0\,LO} + P_{0\,S1}\, x'^{(0)}_{S1,S} + P_{0\,S2}\, x'^{(0)}_{S2,S} = P_{0\,LO} + (P_{0\,S1} - P_{0\,S2})\, x'^{(0)}_{S1,S} + P_{0\,S2} \tag{4.71}$$

$$x''^{(0)}_{LO,E} = \frac{1}{1 + (\alpha_{0\,S1} - \alpha_{0\,S2})\, x'^{(0)}_{S1,S} + \alpha_{0\,S2}}\,. \tag{4.72}$$

Man kann sie zur Vorausberechnung von Phasengleichgewichten realer ternärer Systeme der betrachteten Art „in nullter Näherung" verwenden.

Wie gezeigt wurde, sind wir mit Hilfe der durch Lösung der DUHEM-MARGULESschen Differentialgleichungen (4.13) gefundenen Aktivitätskoeffizienten (4.25) in der Lage, die Eigenschaften eines ternären Systems der betrachteten Art unter Verwendung einfachster Annahmen mit guter Näherung zu beschreiben und theoretisch zu interpretieren. Damit darf man die gestellte Hauptaufgabe, die thermodynamischen Eigenschaften eines solchen Systems unter Voraussetzung geringster Grundkenntnisse hinreichend genau vorauszuberechnen, als gelöst betrachten.

5. *Literaturübersicht*

[1] LEWIS, G. N. u. M. RANDALL, Thermodynamik. Übers. v. O. REDLICH. Wien 1927.
[2] HAASE, R., Thermodynamik der Mischphasen. Berlin/Göttingen/Heidelberg 1956.
[3] SCHUBERTH, H., J. prakt. Chem. **6**, 129 (1958).
[4] EBERT, L. u. H. TSCHAMLER, Mh. Chem. **80**, 473 (1949).
[5] KUHN, W. u. H. J., Helv. Chim. Acta **40**, 2433 (1957).
[6] SCHUBERTH, H., J. prakt. Chem. **6**, 266 (1958).
[7] ROBINSON, C. S., u. E. R. GILLILAND, Elements of Fractional Distillation, Chem. Eng. Ser. 1950.
[8] BOSNJAKOVIC, F., Technische Thermodynamik II. Dresden 1951.
[9] SWIETOSLAWSKI, W., Bull. Acad. Polon. Sci. Série des sci. chim. géol. et géogr., **7**, 7 (1959).
[10] HAASE, R., Z. phys. Chem. **194**, 237 (1950).
[11] SCATCHARD, G. u. C. L. RAYMOND, J. Amer. chem. Soc. **60**, 1278 (1938).
[12] FROMHERZ, H., Phys.-chem. Rechnen in Wiss. u. Techn. Weinheim 1956.
[13] KORTÜM, G. u. H. BUCHHOLZ-MEISENHEIMER, Theorie der Destillation und Extraktion von Flüssigkeiten. Berlin/Göttingen/Heidelberg 1952.

II. Experimentelle Prüfung am System *n*-Propylazetat/*n*-Butylazetat/Wasser

6. Substanzen

Zur Verwendung gelangten folgende Substanzen:

1. n-Propylazetat (n-$CH_3COOC_3H_7$), das synthetisch aus n-Propanol und Essigsäureanhydrid dargestellt, mit bidest. Wasser gewaschen, über $CuSO_4$ getrocknet und anschließend in einer Füllkörpersäule mit etwa 40 theoretischen Böden in einer uns ausreichend erscheinenden Reinheit gewonnen wurde ($t_{Sdp}^{760} = 101{,}6\,°C$; $n_D^{20} = 1{,}3844$; $\varrho^{20} = 0{,}8879$; IR-Spektrum siehe Abb. 5a, in Übereinstimmung mit Sadtler-Katalog);
2. n-Butylazetat (n-$CH_3COOC_4H_9$), das als technisches Produkt von den Buna-Werken bei Merseburg bezogen, mit bidest. Wasser gewaschen, über $CuSO_4$ getrocknet und anschließend zweimal in einer Füllkörpersäule mit etwa 40 theoretischen Böden in einer uns ausreichend erscheinenden Reinheit gewonnen wurde ($t_{Sdp}^{760} = 126{,}2°\,C$; $n_D^{20} = 1{,}3941$; $\varrho^{20} = 0{,}8818$; IR-Spektrum siehe Abb. 5b, in Übereinstimmung mit Sadtler-Katalog);
3. Wasser (H_2O), das zweimal destilliert wurde.

Es ist zu erwarten, daß eine Vorausberechnung der Phasengleichgewichtsdaten flüssig-flüssig und dampfförmig-flüssig des vorgegebenen Systems nach dem von mir theoretisch entwickelten und in Abschnitt 4 beschriebenen Verfahren näherungsweise möglich sein wird, da die binären Systeme n-$CH_3COOC_3H_7/H_2O$ und n-$CH_3COOC_4H_9/H_2O$ gemäß Punkt I des Abschnitts 3 die Bedingung (3.1) der stark nichtidealen Mischbarkeit und das binäre System n-$CH_3COOC_3H_7$/n-$CH_3COOC_4H_9$ gemäß Punkt I des Abschnitts 2 die Bedingungen (2.1), (2.2) und (2.3) der idealen Mischbarkeit wenigstens annähernd erfüllen dürften. Entsprechend der Übereinkunft zu Beginn des Abschnittes 4 wird daher im weiteren Verlauf

$CH_3COOC_3H_7$ abkürzend mit $S1$,

$CH_3COOC_4H_9$ abkürzend mit $S2$,

H_2O abkürzend mit LO

bezeichnet.

7. Beschreibung der Anlage zur Bestimmung von Phasengleichgewichten dampfförmig-flüssig

Um die Gleichgewichtsdaten g_k', g_k'', T und P bestimmen zu können (experimentell wurden Gewichtsbrüche g_k statt Molenbrüche x_k zur Kennzeichnung der Zusammensetzung von Mischungen herangezogen), verwendete ich eine nach eigenen Angaben gebaute Gleichgewichtsapparatur aus Rasothermglas mit der Bezeichnung G 8 (vgl. [1]), die nach dem dynamischen Prinzip arbeitet, also als Umlauf-Apparatur ausgebildet ist, und als Weiterentwicklung des von Kortüm, Freier und Woerner [2] angegebenen Apparatetyps aufgefaßt werden kann. Abb. 6a zeigt das Gerät als Teil der gesamten Meßanlage, Abb. 6b in Form der Konstruktionsskizze. Man erkennt links den eigentlichen Gleichgewichtsraum, in dem sich das Phasengleichgewicht zwischen Dampf und Flüssigkeit ausbildet. Der gesamte Gleichgewichtsraum ist adiabatisch isoliert, indem eine Temperierflüssigkeit mit einer der Siedetemperatur der Flüssigkeitsmischung gleichen Temperatur die Wandung des gesamten Raumes umspült bzw. eine Asbestumhüllung der freien Ansatzstücke für die nötige Wärmeisolation sorgt. Unmittelbar unter dem Boden der Apparatur befindet sich ein elektromagnetisches Rührwerk, das die Aufgabe hat, für eine gute Durchmischung der verdampfenden

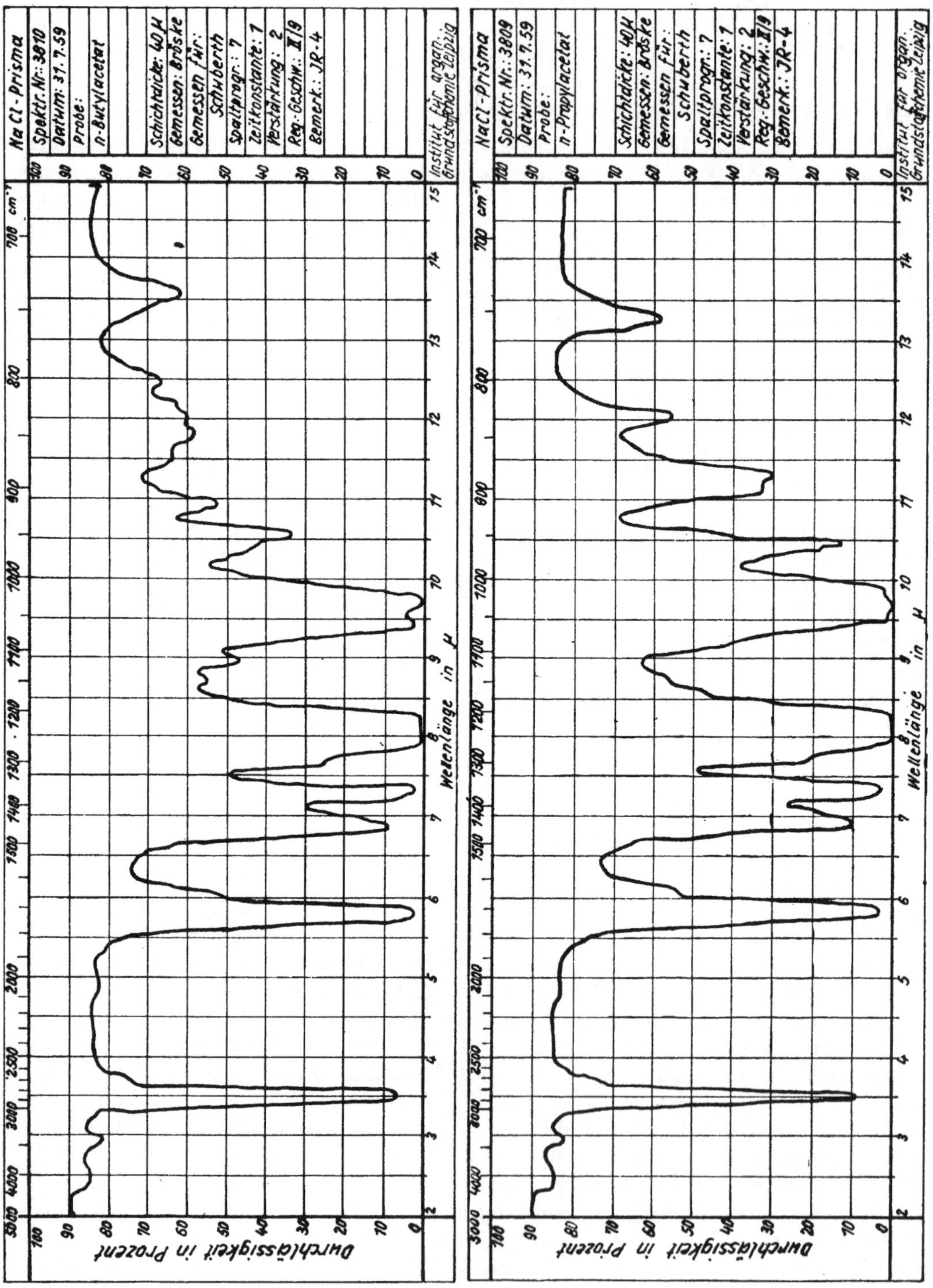

Abb. 5. IR-Spektren von n-$CH_3COOC_3H_7$ und n-$CH_3COOC_4H_9$

Flüssigkeit mit dem zurückfließenden Kondensat zu sorgen. Der hierzu gehörende Eisenkern ist in Rasothermglas eingeschmolzen und bewegt sich auf dem konkav gewölbten Innenboden der Apparatur. Am Schulterstück des breiten unteren Teiles sind drei Schliffe angebracht zur Aufnahme eines in die Flüssigkeit reichenden Tauchsieders von ca. 30 Ω, der ebenfalls in Rasothermglas eingeschmolzen ist und einen Durchmesser von 10 mm besitzt, eines Thermometers, das die Temperatur der flüssigen Phase anzeigt, sowie einer Einrichtung, die einerseits das Einströmen einer schwachen Inertgasstromes in das Innere der Apparatur

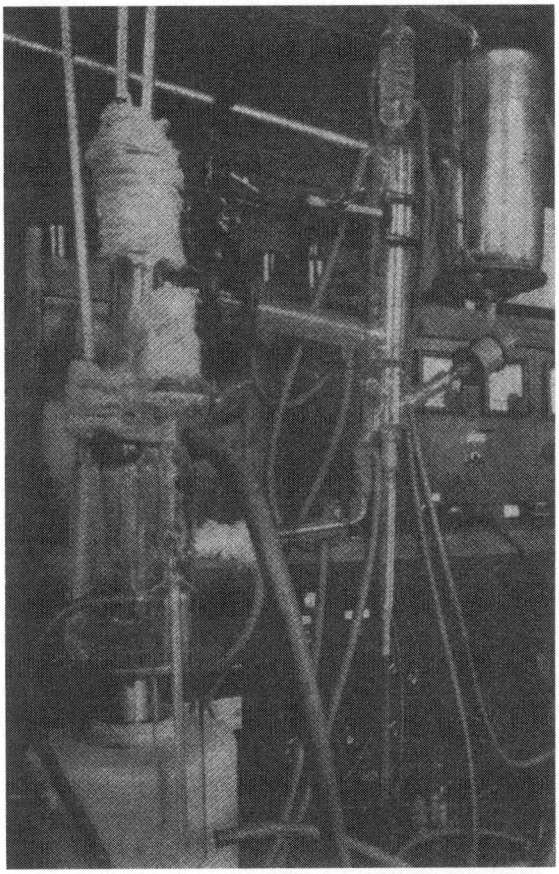

Abb. 6a. Ansicht der Gleichgewichtsapparatur *G8* als Teil der gesamten Meßanlage

zum Zwecke der Verhinderung von Siedeüberhitzungen der Flüssigkeit gestattet, andererseits die Entnahme einer geringen Probe der homogenen flüssigen Phase für ihre Analyse ermöglicht. Ein Schliff am oberen Ende der Apparatur dient zur Aufnahme des in $^1/_{10}$ Grad geeichten Dampfthermometers, ein weiterer Schliff zur Aufnahme des Temperierflüssigkeits-Thermometers. Im Dampfraum selbst befindet sich zunächst ein bis kurz unter die Flüssigkeitsoberfläche reichendes Röhrchen, dessen oberes düsenartig verjüngtes Ende gegen den Quecksilberschaft des Dampfthermometers weist. Dieser Teil bezweckt, daß der in ihm im Siedezustand aufsteigende Dampf Flüssigkeit mitreißt und so ein Flüssigkeit-Dampf-Gemisch den Thermometerschaft umspült, was eine genaue Einstellung der

Siedetemperatur am Dampfthermometer zur Folge hat. Um jedoch ein Mitreißen von Flüssigkeit in den umlaufenden Dampf zu vermeiden, ist das Röhrchen noch von einem weiteren Rohr umgeben, das einzelne senkrecht angebrachte Öffnungen besitzt, durch die sich der Dampf hindurchzwängen muß, während Flüssigkeitstropfen nur nach unten abzulaufen vermögen. Im rechten Teil der Apparatur erkennt man oben zunächst ein System von Kühlern, die mit Kühlflüssigkeit durchströmt werden und an denen sich der umlaufende Dampf quantitativ als Kondensat niederschlagen soll. Insbesondere ist der oberste Kühler als Intensivkühler ausgebildet und wird von Eiswasser durchströmt. In Verbindung mit einem hieran angeschmolzenen Kühlfinger, der in ein mit Azeton und Kohlen-

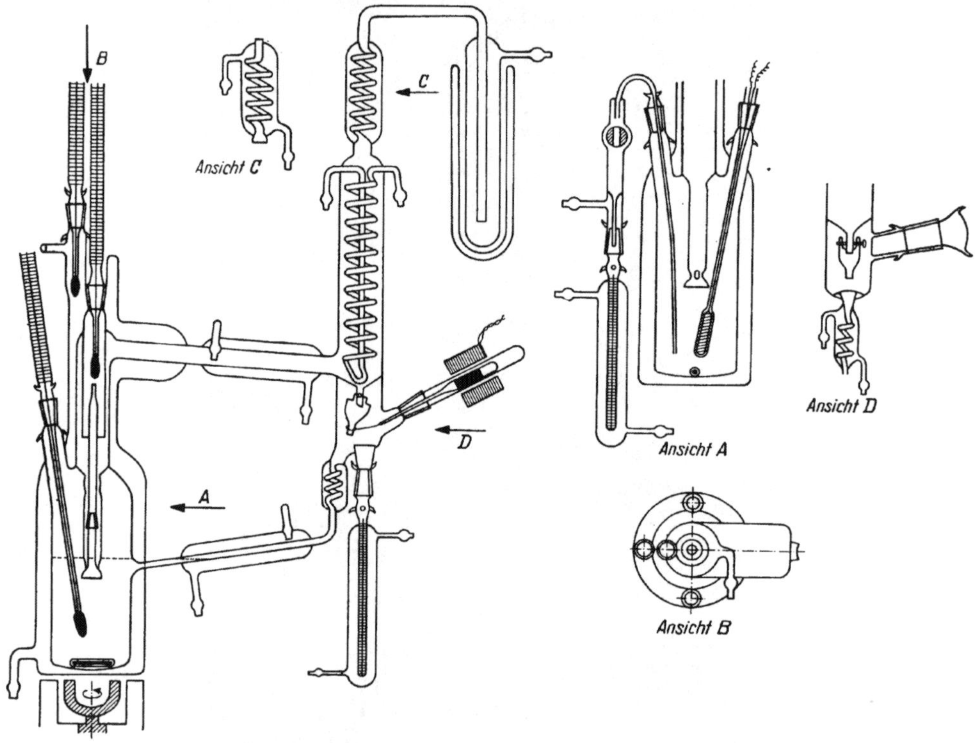

Abb. 6b. Gleichgewichtsapparatur $G8$

säureschnee gefülltes DEWAR-Gefäß taucht, soll ein eventueller Übertritt von Dampf in die Vakuumleitung absolut unterbunden werden. Das flüssige Kondensat tropft durch den im Mittelteil sichtbaren kleinen Schwenktrichter entweder in den Rücklaufteil oder in die Dampfprobenvorlage, die mittels eines Schliffes unmittelbar unter den Schwenktrichter geführt werden kann. Die Verstellung des Trichters erfolgt dabei durch Einschalten einer elektromagnetischen Spule für die Dauer der Probenahme. Der Rücklaufteil besteht aus einem kleinen Intensivkühler und dem Vorwärmer. Letzterer ist in den Temperierflüssigkeits-Kreislauf einbezogen und hat die Aufgabe, das Kondensat nicht mit zu niedriger Temperatur in den Flüssigkeitsbehälter zurückfließen zu lassen. Um andererseits einen in falscher Richtung sich bewegenden Dampfstrom zu verhindern, der dann im Mittelteil unliebsame Kondensationen hervorrufen würde, existiert als Schutz hierfür der Intensivkühler, der in den Kühlwasserkreislauf einbezogen ist. Der Rücklaufteil mündet knapp unterhalb der Flüssigkeitsoberfläche (bei einem Soll-Volumen der Flüssigkeit von 300 ml) in den Gleichgewichtsraum, um beim Rückfluß eines heterogenen Kondensats mit unterschiedlichen Dichten der flüssigen Phasen eine selektive Stauwirkung weitgehend zu vermeiden.

Am Kühlfinger befindet sich die Anschlußstelle *A* für die Vakuumleitung (siehe Blockschema Abb. 7). Von dort führt die Leitung zur Druckpufferflasche *D* 1, die mit einem Belüftungshahn *B* 1 versehen ist und andererseits mit der Ölvakuumpumpe *V* 1 in Verbindung steht. Zwischen *A* und *D* 1 sind Manometer *M* und Manostat *Ma* zugeschaltet, um den Totaldruck *P* für isobare Messungen konstant halten bzw. für isotherme Messungen

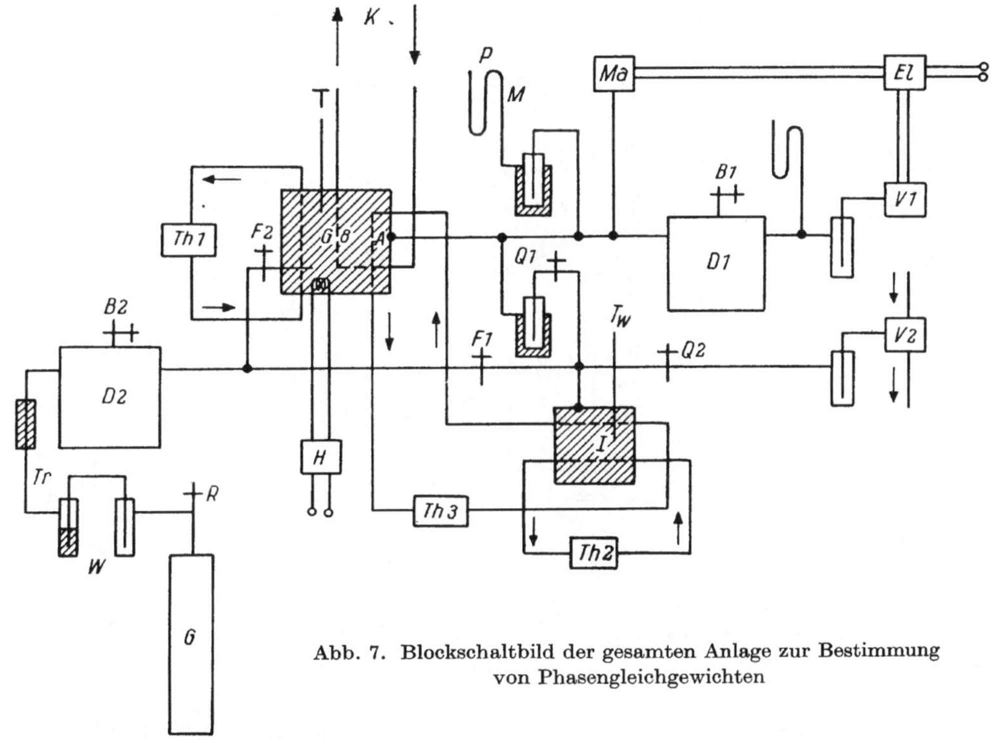

Abb. 7. Blockschaltbild der gesamten Anlage zur Bestimmung von Phasengleichgewichten

nach der Siedetemperatur *T* einstellen zu können. Der Manostat *Ma* ist unter Berücksichtigung eigener Erfahrungen in Anlehnung an den elektronischen Druckregler nach Krell [3] gebaut (s. Abb. 8) und steht in Verbindung mit einem Elektronenrelais *El* (Abb. 9), das den erforderlichen elektrischen Stromkreis für die Vakuumpumpe *V* 1 zu öffnen und zu schließen gestattet. Er regulierte im vorliegenden Falle den Druck auf ± 0,25 Torr genau ein. Um die Anzeige des Absolutwertes von *P* am quecksilbergefüllten Großmanometer *M* zu erhöhen, habe ich mittels eines Quetschhahnes *Q* 1 ein Isoteniskop *I* zugeschaltet, mit dem *P* im Prinzip auf ± 0,1 Torr bestimmt werden kann. Dieses Gerät wurde von mir ebenfalls unter Berücksichtigung eigener Erfahrungen in Anlehnung an das bekannte Isoteniskop von Smith und Menzies [4] entworfen und ist in Abb. 10 dargestellt. Seine Bedienungsweise entspricht völlig der in Lehrbüchern (z. B. [5]) angegebenen. Es wird mit Wasser gefüllt und mittels des Thermostaten *Th* 2 unter Zuhilfenahme einer guten Dampfdrucktabelle (z. B. in [6]) auf die zum Sättigungsdampfdruck *P* des Wassers gehörende Siedetemperatur T_W gebracht. (T_W ist bis auf ± 0,01° am Isoteniskopthermometer abzulesen.) Dabei sind zunächst die Hähne Q 1 und F 1 geschlossen. Die Evakuierung erfolgt durch Ingangsetzen der Wasserstrahlpumpe V 2, die Belüftung durch Betätigen des Feinregulierhahnes F 1, wenn vorher Q 2 die zur Pumpe führende Leitung verschlossen hat. Steht das Wasser in beiden Schenkeln des Isoteniskopmanometers gleich

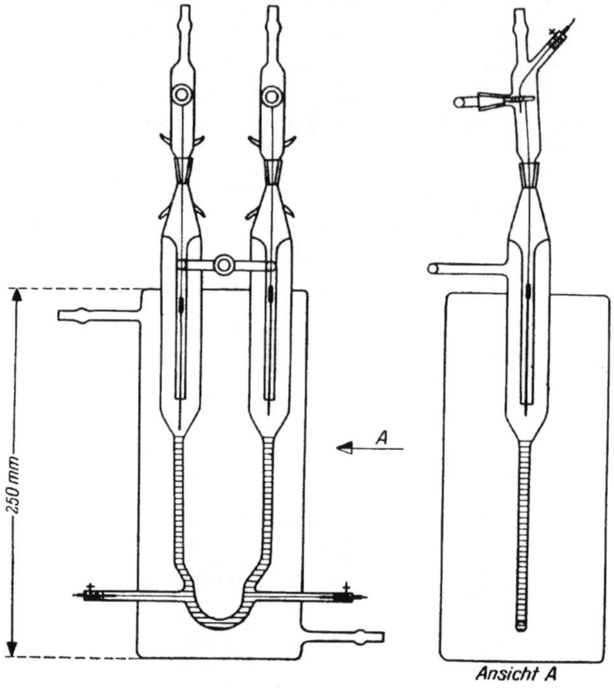

Abb. 8. Manostat

hoch, so verschließt man wieder F 1 und öffnet vorsichtig Q 1. Damit wird das Isoteniskop über eine Kühlfalle als Schutz an die Vakuumleitung der Gleichgewichtsapparatur angeschlossen. In der Regel wird nun der wahre Druck P ein wenig von dem am Manometer M

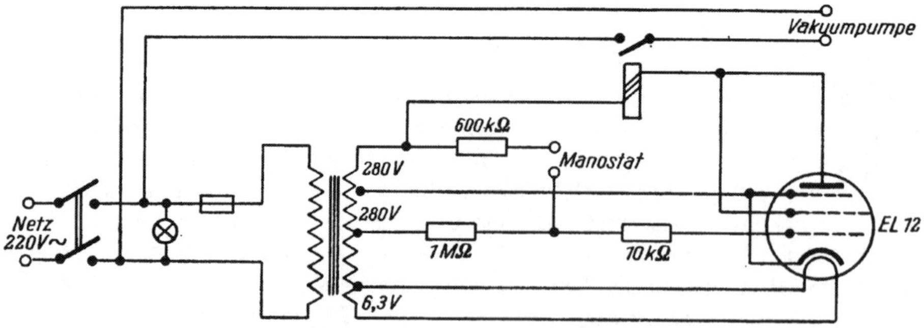

Abb. 9. Schaltskizze für Elektronen-Relais

abgelesenen verschieden sein. Dementsprechend verändert sich das Niveau des Wassers im Isoteniskopmanometer, und man kann aus der Differenz in mm Wassersäule, die man bei Verwendung einer hinter das Gerät gehaltenen Skala ermittelt, leicht auf die Größe des wirklich vorhandenen Druckes schließen. Das Verfahren eignet sich gut bei Drücken, wie sie bei den von mir durchgeführten Messungen vorlagen. Daß dennoch die Genauigkeit der Druckmessung nur ± 0,25 Torr betrug, war auf die Arbeitsweise des Manostaten und auch darauf zurückzuführen, daß während des Betriebes der Gleichgewichtsapparatur dieselbe von einem schwachen N_2-Strom durchflossen wurde, der von der Bombe *G* mit dem Reduzierventil *R* herrührte. Der Stickstoff wurde zunächst durch Waschflaschen *W* und anschließend durch ein Trockenrohr *T* in eine Druckpufferflasche *D* 2 geleitet, die mittels des Hahnes *B* 2 mit der freien Atmosphäre verbunden werden konnte. Dieser Flasche wurde unter Betätigung des Feineinstellhahnes *F* 2 gerade so viel Stickstoff entnommen,

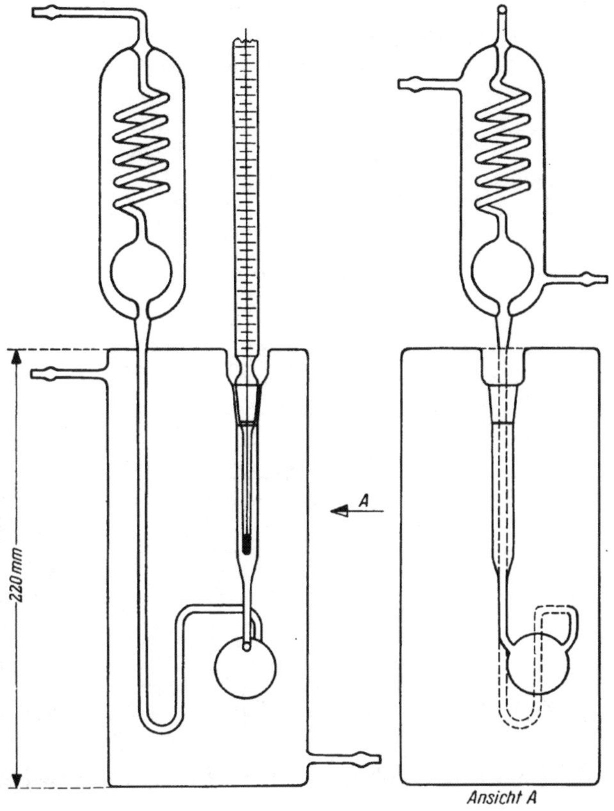

Abb. 10. Isoteniskop

daß letzterer das in die zu untersuchende Flüssigkeit reichende Röhrchen in Form kleiner Bläschen mit sehr geringer Geschwindigkeit verließ. Die dadurch hervorgerufene geringe Inkonstanz des Druckes nahm ich in Kauf gegenüber der so verbesserten Einstellgenauigkeit (± 0,03°) der Siedetemperatur *T*.

Über die Bedeutung des Thermostaten *Th* 2 war bereits oben die Rede. Der Temperierflüssigkeitskreislauf wird durch den Thermostaten *Th* 1 besorgt, der eine Temperierflüssigkeit (bei den von mir durchgeführten Untersuchungen wurde Glykol verwendet) durch die an ihn angeschlossene Gleichgewichtsapparatur umzupumpen vermag und damit den Gleichgewichtsraum der Apparatur *G* 8 bei isothermen Messungen auf der vorgegebenen Temperatur *T* konstant hält bzw. bei isobaren Messungen die Einstellung der Siedetemperatur *T* nach dem vorgegebenen Totaldruck *P* ermöglicht. Für den Umlauf von Kühlflüssigkeit sorgt einerseits der Kühlwasserfluß *K* (Leitungswasser), andererseits zum

Zwecke einer verstärkten Kühlung der Kältethermostat *Th* 3, der durch die Intensivkühler an der Gleichgewichtsapparatur wie am Isoteniskop Eiswasser von knapp 0 °C umpumpt. Als Thermostaten bewährten sich bei meinen Messungen solche vom Typ Wobser bzw. Höppler.

Zum Aufheizen der Flüssigkeit in der Apparatur *G* 8 dient schließlich noch der Heizstromkreis *H* (siehe Abb. 11), der den 30 Ω-Tauchsieder mit einigen *A* je nach Größe der aufzuwendenden Verdampfungsenergie speist. Da die elektrische Anlage gleichzeitig zu dem Zweck geschaffen wurde, um Verdampfungswärmen größenordnungsmäßig zu bestimmen, erklärt sich die Verwendung eines Gleichrichters, wie aus der Abbildung hervorgeht. Die elektrische Leistung im Heizstromkreis ist so einzuregulieren, daß die Tropfgeschwindigkeit am Schwenktrichter der *G* 8 im stationären Zustand etwa 2 Tropfen pro 3 Sekunden beträgt.

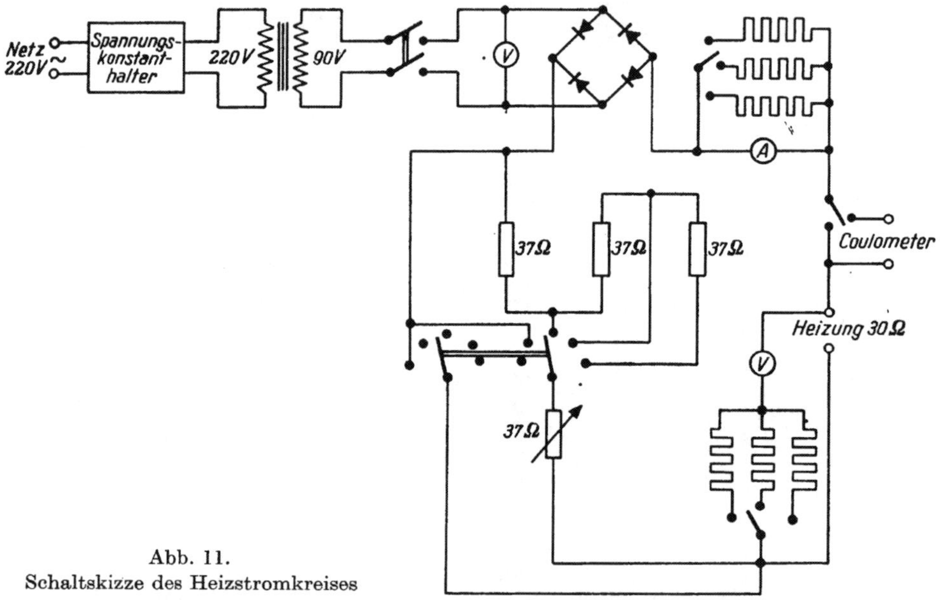

Abb. 11.
Schaltskizze des Heizstromkreises

8. Beschreibung der Anlage zur Bestimmung von Phasengleichgewichten flüssig-flüssig

Für die Bestimmung der Gleichgewichtsdaten $g'_{k,S}$ $g'_{k,L}$ und T (die Druckabhängigkeit derartiger Gleichgewichte ist bekannterweise vernachlässigbar klein) verwendete ich die folgenden, bereits in [7] beschriebenen Geräte:

Zur Groborientierung über die Lage der Mischungslücke im Gibbsschen Phasendreieck sowie über den Temperaturgang der binären Mischungslücken diente eine kombinierte temperierbare Titrationsapparatur, wie sie ähnlich auch Röthlin, Crützen und Schultze [8] benutzt haben, jedoch ohne die Titration unter Inertgas vorzunehmen, da auf einen schnellen Verbrauch der frisch destillierten Substanzen geachtet wurde. Für die Temperierung aller Mikrobüretten und der Erlenmeyer-Vorlage sorgte ein Wobser-Thermostat, Type *U* 8.

Um den Gang der Löslichkeitsgrenzen mit der Temperatur sowie für vorgegebenes $T =$ const die Lage der Binodalkurvenzweige *S* und *L* nebst der Lage der Konnodenschar genauer festzulegen, gebrauchte ich eine Schüttelmaschine *M*, in die zugeschmolzene Reagenzgläser (Ampullen) mit eingewogenen Mengen der unter Abschnitt 6 genannten Substanzen als Inhalt eingespannt werden konnten (Gesamtinhalt ca. 10 g). Die Einspannvorrichtung tauchte in ein durch Asbestverschalung größtenteils wärmeisoliertes Thermostatiergefäß, das mit Wasser von der jeweils erforderlichen Temperatur durchströmt wurde. Die Einhaltung einer konstanten Badtemperatur T mit einem Fehler von $\pm$ 0,01° erfolgte durch Eintauchthermostaten Th in Verbindung mit geeigneten Spezial-Kontaktthermometern K und in Verbindung mit einem WOBSER-Thermostat U 8, der die Vortemperierung und den Umlauf des Badwassers zu besorgen hatte (siehe Abb. 12).

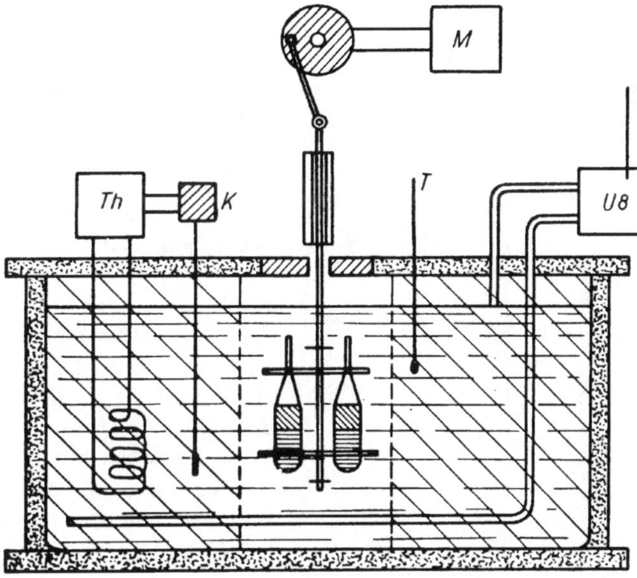

Abb. 12. Apparatur zur Bestimmung von Mischungslücken

9. Gang der Messungen

Nachdem ich mir durch Löslichkeitstitration einen groben Überblick über die Lage der Mischungslücke im ternären System und ihre Veränderlichkeit mit der Temperatur verschafft hatte, suchte ich unter Verwendung der in Abschnitt 8 beschriebenen Schüttelmethode zu genaueren Aussagen zu kommen. Hierzu wurden die in Frage kommenden Konzentrationsgebiete durch entsprechende Ampulleneinwaagen abgetastet und schrittweise eingeengt, bis ein eindeutiger Verlauf sichtbar war. Im Falle der Ermittlung der Binodalkurvenzweige hatte das Thermostatiergefäß die Temperatur von 44,4 °C, im Falle der Ermittlung des Temperaturgangs der binären Mischungslücken Temperaturen zwischen 20°C und 70°C. Entscheidend für die Bestimmung eines Grenzpunktes der Löslichkeit war der Beginn einer Trübung in der Ampulle nach mehrstündigem Schütteln. Die Genauigkeit, mit der die Löslichkeitsgrenzkonzentrationen auf diese Weise bestimmt werden konnten, betrug $\Delta g'_{k,G} = \pm\ 0{,}0005$. Den Inhalt aller Ampullen, dessen Zusammensetzung einem Punkt auf den Binodalkurvenzweigen S und L entsprach, habe ich anschließend einem ebenfalls auf 44,4°C eingestellten Refraktometer zugeführt und so zugleich den Gang des Brechungsindex der Na-D-Linie längs der Mischungsgrenzen im ternären System ermittelt.

Da sich eine Analyse der L-Phase mittels Refraktometer infolge des nur sehr geringen Gangs von $n_L^{44,4}$ längs L als unzureichend erwies und auch gaschromatographische sowie massenspektrographische Analysen der L-Phase nicht mit der nötigen Genauigkeit durchgeführt werden konnten, mußte für die Ermittlung der Lage der Konnoden ein anderer Weg eingeschlagen werden. Hierzu wählte ich jeweils einen Ampulleneinsatz (zum Teil wurden auch größere Einsätze unter Hinzuziehung der Apparatur G 8 als Thermostatiergefäß verwendet), der bei 44,4 °C einem Punkt innerhalb der ternären Mischungslücke unweit der L-Kurve entsprach, jedoch nach Entmischung gerade so viel Flüssigkeit der S-Phase abschied, daß letztere der refraktometrischen Analyse unterworfen werden konnte. Verbindet man den so gefundenen, durch $n_S^{44,4}$ definierten Punkt auf der S-Kurve im Gibbsschen Dreieckskoordinatensystem mit dem Einsatzpunkt, so liefert der Schnittpunkt der Verbindungsgeraden mit der L-Kurve den gesuchten Konnodenendpunkt. Allerdings ist die Genauigkeit der auf diesem Wege ermittelten Selektivität β nicht sonderlich gut, was darauf zurückzuführen ist, daß die refraktometrische Ermittlung eines Punktes der S-Kurve infolge der Refraktometer-Genauigkeit von $\pm$ 0,00005 mit einer Unsicherheit von $\Delta g'_{Si,S} = \pm$ 0,005 speziell für das vorliegende System behaftet ist. Für die von mir untersuchten Fälle (der Wassergehalt des Einsatzes betrug stets $g'_{LO} > 0{,}9$) ergab sich daher als mittlere Abweichung des konjugierten Punktes auf der L-Kurve $\Delta g'_{Si,L} = \pm$ 0,0005. So nimmt es nicht wunder, daß selbst in mittleren Konzentrationsbereichen die Ungenauigkeit für die Ermittlung der Selektivität mit maximal $\Delta\beta = \pm$ 1 angesetzt werden muß. Allerdings betrug die experimentelle mittlere Abweichung nur $\Delta\beta = \pm$ 0,5.

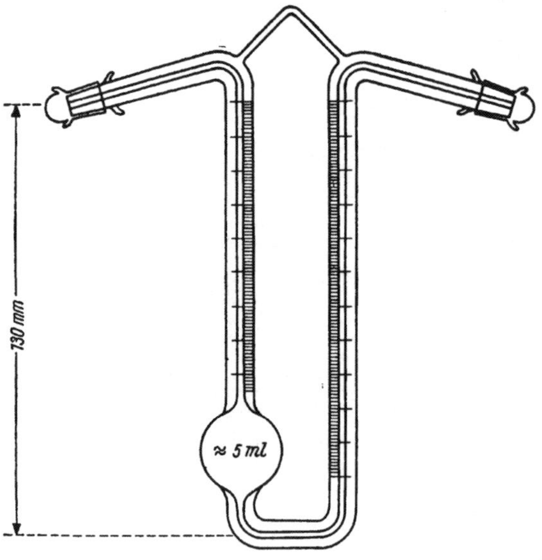

Abb. 13. Kapillar-Pyknometer

Sodann habe ich den Brechungsindex $n_0^{44,4}$ der binären homogenen Mischungen von $S1$ mit $S2$ in Abhängigkeit von der Konzentration bei 44,4 °C vermessen. Die Ergebnisse dienten mir ebenso wie die der Messung der Konzentrationsabhängigkeit von $n_S^{44,4}$ als analytische Grundlage für die Bestimmung der Phasengleichgewichte dampfförmig-flüssig, siehe unten. Darüber hinaus kann man sich ein ungefähres Bild über den Verlauf der Isorefrakten in den Mischbereichen des ternären Systems machen, wenn man einen geradlinigen Verlauf annimmt.

Von den reinen Komponenten und ihren mit Wasser gesättigten sowie ihren gesättigten wäßrigen binären Lösungen wurden außerdem die Dichten bei 20,0 °C und 44,4 °C ermittelten. Unter Verwendung der Additivitätsregel für die Molrefraktion

$$\varrho = \frac{n^2 - 1}{n^2 + 2} : \sum_{k=1}^{\nu} \frac{n_k^2 - 1}{n_k^2 + 2} \cdot \frac{g'_k}{\varrho_k} \qquad (T = \text{const}) \tag{9.1}$$

konnten so die Dichten der S- und L-Phasen bei 44,4 °C mit einer mittleren Abweichung von $\Delta\varrho = \pm$ 0,0005 vorausberechnet werden, was ebenfalls für die Analyse bei den Phasengleichgewichtsuntersuchungen dampfförmig-flüssig von Wichtigkeit war und mit dieser Genauigkeit völlig ausreichte. Für die Dichtebestimmung selbst diente das in Abb. 13 gezeigte Kapillar-Pyknometer, das ich in Anlehnung an das von Schulze [9] beschriebene Pyknometer entworfen habe. Die Skala wurde vorerst mit Wasser unter Hinzuziehung der bekannten Literaturwerte für die Dichte desselben bei verschiedenen Temperaturen in ml geeicht, so daß eine bis auf $\Delta V = \pm 0{,}001$ ml genaue Volumablesung im Temperierbad, worin sich das Pyknometer zur Bestimmung von ϱ bei der Temperatur t befand, möglich war. Die Massenbestimmung erfolgte durch Differenzwägung mittels einer Analysenwaage; sie ist mit einer Unsicherheit von $\Delta m = \pm 0{,}001$ g behaftet.

Ist man im Besitz ausreichender Kenntnisse über die Phasengleichgewichte flüssig-flüssig des vorgegebenen Systems, so steht nunmehr einer Bestimmung der Phasengleichgewichte dampfförmig-flüssig nichts mehr im Wege. Mir diente für diesen Zweck die in Abschnitt 7 beschriebene Gleichgewichtsapparatur $G8$ nebst der dazu gehörenden Anlage für die Einhaltung der P-T-Bedingungen. Der Gang der Messung gestaltete sich dabei wie folgt: Nach Eingabe der zu untersuchenden Flüssigkeit in die Apparatur $G8$ wurden Kühlwasserkreislauf sowie elektromagnetisches Rührwerk eingeschaltet und im Falle isothermer Gleichgewichtsmessungen ($T = 317{,}6\,°\mathrm{K} \triangleq t = 44{,}4\,°\mathrm{C}$) der Gleichgewichtsraum durch die Temperierflüssigkeit auf die vorgeschriebene Temperatur T aufgeheizt. Danach wurde allmählich der Druck aus der Apparatur gesenkt, bis die Flüssigkeit zum Sieden geriet. Erst dann empfahl es sich, die Heizung des Tauschsieders einzuschalten, um die nötige Verdampfungsenergie laufend zuzuführen, und einen schwachen N_2-Strom durch die Flüssigkeit perlen zu lassen. Dabei wurde die elektrische Leistung im Heizstromkreis nach den im Abschnitt 7 beschriebenen Gesichtspunkten einreguliert. Schließlich konnte der zur Temperatur T gehörende Druck P durch Feinregulierung am Manostat eingestellt werden; seine Bestimmung (bis auf $\Delta P = \pm 0{,}25$ Torr genau) erfolgte durch Zuschaltung des mit Wasser unter einem Druck möglichst nahe bei P betriebenen Isoteniskops. Ein stationärer Zustand war dann erreicht, wenn über einen genügend langen Zeitraum ($> 1/4$ Stunde) die Tropfgeschwindigkeit konstant blieb und keine durch einen ungenau eingestellten Druck oder sonst verursachte Änderung der am Dampfthermometer abzulesenden Temperatur T erfolgte, die die zulässige Schwankung von $\Delta T = \pm 0{,}03°$ überschritt. Dagegen wurde im Falle isobarer Gleichgewichtsmessungen ($P = 100{,}0$ Torr) zuerst der vorgeschriebene Druck P in der Apparatur mittels des Manostaten und des Wasser-Isoteniskops genau eingestellt und danach die Flüssigkeit mit Hilfe des Tauchsieders bei Begünstigung durch den sehr schwach die Flüssigkeit durchperlenden N_2-Strom zum Sieden gebracht. Erst dann empfahl es sich, den Temperaturflüssigkeitskreislauf einzustellen. Die Temperatur der Temperierflüssigkeit (Glykol) wurde allmählich an die Siedetemperatur herangeführt, bis schließlich beide Thermometer am Kopf der Apparatur Übereinstimmung zeigten. Dabei hat man insofern noch eine gewisse Kontrolle gegen eine etwaige Überhitzung im Dampfraum, als die Dampftemperatur keinesfalls die Temperatur der siedenden Flüssigkeit überschreiten darf. Wieder war der stationäre Zustand dann erreicht, wenn (bis auf $\pm 0{,}03°$) keine Änderung von T mehr erfolgte und auch die Tropfgeschwindigkeit konstant blieb. Nach Ablauf einer genügend langen Zeit, während der sich die Apparatur in diesem Zustand befand, wurde der Schwenktrichter auf Abnahmestellung umgeschaltet und dem Kreislauf wenige ml Kondensat entnommen (< 3 ml). Falls die Flüssigkeit im Gleichgewichtsraum homogen war, konnte nach Abschalten des N_2-Stromes durch Betätigen einer Wasserstrahlpumpe auch der flüssigen Phase in entsprechender Weise eine geringe Menge zur Analyse entnommen werden. Dann wurde der Heizstromkreis abgeschaltet und die Apparatur belüftet. Die Probevorlagen konnten nunmehr von der Apparatur abgehangen und mit einem gutsitzenden Stopfen verschlossen werden. Anschließend wurden sie auf die Meßtemperatur von 44,4°C aufgeheizt und ihr Inhalt vorsichtig umgeschüttelt. Da die Innenwand der Vorlagen vor Beginn aller Messungen durch Behandlung mit Silikonölemulsion OE E 6008 (VEB Chemiewerk Nünchritz) silikonisiert worden war, erfolgte so eine saubere Phasentrennung und gab es kein Haften einzelner

Tropfen an der Wand. So waren alle Voraussetzungen für die Analyse hinsichtlich der Zusammensetzung der Proben auf refraktometrischem und volumetrischem Wege unter Verwendung der Ergebnisse der Phasengleichgewichtsmessungen flüssig-flüssig bei 44,4°C gegeben. Im einzelnen waren die Analysenwege folgende:

1. Lag ein Dreistoffsystem vor und war das Kondensat heterogen (System $S1/S2/LO$), so wurde nach der Messung von P und T zunächst eine Volumenbestimmung der beiden flüssigen Phasen in der Kondensat-Probevorlage vorgenommen ($\Delta V = \pm\ 0{,}025$ ml) und anschließend ein Teil der spezifisch leichteren S-Phase abpipettiert und der refraktometrischen Analyse bei 44,4°C unterworfen. (Die Pipette war gleichfalls auf $t = 44{,}4$°C temperiert und hatte die in Abb. 14 gezeigte Gestalt. Eine Infrarotlampe am Analysenplatz sorgte außerdem für nahezu isotherme Arbeitsbedingungen.) Da $n_S^{44,4} = f(\mathfrak{g}'_{S1,S})$ bekannt war, konnten die Gewichtsbrüche der Dampfzusammensetzung gemäß

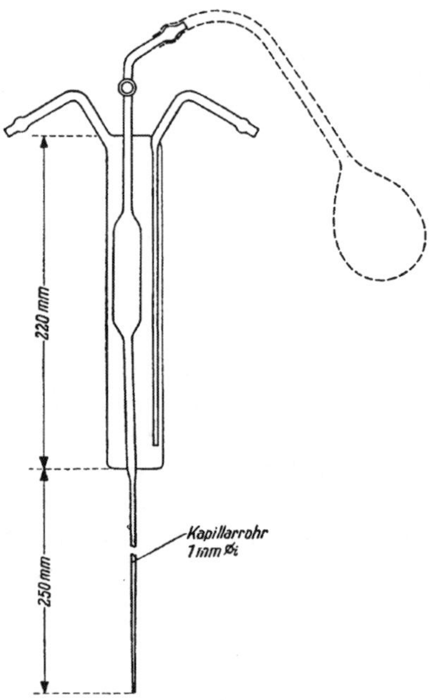

Abb. 14. Temperierbare Pipette

$$\mathfrak{g}''_{Si,E} = \frac{g_{Si,S} \cdot \varrho_S V_S + g_{Si,L}\, \varrho_L V_L}{\varrho_S V_S + \varrho_L V_L} \tag{9.2}$$

mit einer mittleren Abweichung von $\Delta g''_{Si,E} = \pm\ 0{,}010$ speziell für das vorliegende System unter Zuhilfenahme der Ergebnisse der Gleichgewichtsmessungen flüssig-flüssig ermittelt werden. War auch die flüssige Phase im Gleichgewichtsraum heterogen, so wurde nach Belüften der Apparatur von der noch auf der Temperatur von 44,4°C befindlichen Flüssigkeit (im Falle isothermer Messungen) gleichfalls ein Teil der spezifisch leichteren S-Phase abpipettiert und der refraktometrischen Analyse bei 44,4°C unterworfen. (Im Falle isobarer Messungen bei 100,0 Torr wurde insofern die Auswertung etwas weniger genau durchgeführt, als ebenfalls die Analyse bei 44,4°C erfolgte. Das geschah unter der Annahme, daß sich $\mathfrak{g}'_{S1,S}$ vernachlässigbar gering beim Erwärmen der Flüssigkeit von der Temperatur $t \lesssim 44{,}4$°C auf $t = 44{,}4$°C ändert.) Eine Volumenbestimmung war dagegen hier nicht erforderlich, da ja alle Punkte einer Konnode das gleiche $g''_{Si,E}$ besitzen und die Konnode selbst durch die Ermittlung von $\mathfrak{g}'_{S1,S}$ hinreichend gekennzeichnet ist.

2. Lag ein Zweistoffsystem vor und war das Kondensat heterogen (System Si/LO), so genügte es, nach der Messung von P und T eine Volumenbestimmung der beiden flüssigen Phasen in der Kondensat-Probevorlage bei 44,4°C vorzunehmen. Damit konnten die Gewichtsbrüche der Dampfzusammensetzung gemäß

$$\mathfrak{g}''_{Si,OE} = \frac{g_{Si,OS}\, \varrho_S V_S + g_{Si,OL}\, \varrho_L V_L}{\varrho_S V_S + \varrho_L V_L} \tag{9.3}$$

und mit dem gleichen Fehler wie unter 1) ermittelt werden. War auch die flüssige Phase im Gleichgewichtsraum heterogen, so brauchte eine Bestimmung ihrer Zusammensetzung nicht ausgeführt zu werden, da ja alle Punkte innerhalb der Mischungslücke das gleiche $g''_{Si,OE}$ besitzen. Da bei den hier in Rede stehenden stark nichtidealen Zweistoffsystemen nur Mischbarkeitsbereiche unterhalb $g'_{Si} = 0{,}02$ und oberhalb $g'_{Si} = 0{,}97$ existieren, ist eine Ermittlung von Gleichgewichtsdaten dampfförmig-flüssig für diese Bereiche mittels Umlauf-Gleichgewichtsapparaturen nicht mehr möglich, denn die Meßungenauigkeit erweist sich an den Rändern des Konzentrationsintervalls als zu groß. Dagegen konnte man mit der Apparatur *G8* im vorliegenden Fall sehr gut die Veränderung der Zusammensetzung des Heteroazeotrops $g''_{Si,OE}$ mit der Temperatur ebenso wie den Verlauf der Dampfdruckkurve des Heteroazeotrops *Si/LO* experimentell bestimmen.

3. Lag ein Zweistoffsystem vor und war das Kondensat homogen (System *S1/S2*), so genügte es, nach der Bestimmung von P und T eine refraktometrische Messung des Kondensats bei 44,4°C vorzunehmen. Da $n_0^{44,4} = f(g'_{S1})$ bekannt war, konnten die Gewichtsbrüche der Dampfzusammensetzung mit einer mittleren Abweichung von $\Delta g''_{Si} = \pm\ 0{,}005$ speziell für das vorliegende System ermittelt werden. Auch die homogene flüssige Phase im Gleichgewichtsraum ließ sich bezüglich ihrer Zusammensetzung in analoger Weise untersuchen.

4. Lag nur ein Einstoffsystem vor (*Si* oder *LO*), so genügte lediglich die Bestimmung von P und T. Mit der Apparatur *G8* konnte man im vorliegenden Fall sehr gut den Verlauf der Dampfdruckkurve der reinen Komponente k experimentell ermitteln.

Zur Temperaturmessung verwendete ich Thermometer mit $^1/_{10}$ Gradeinteilung, wobei eine Ableselupe die Hundertel noch abzuschätzen gestattete. Die Thermometer waren unmittelbar vor Beginn der experimentellen Arbeiten im Eichamt Ilmenau auf ± 0,01° genau geeicht worden und wurden außerdem von mir laufend auf Richtigkeit der Anzeige durch Vergleich mit anderweitig geeichten Thermometern überprüft. Zur Druckmessung diente ein Hg-Großmanometer mit einseitig verschlossenem Schenkel und absoluter Druckanzeige. Druckkorrekturen wurden durch Ablesung am Isoteniskop auf beschriebenem Wege vorgenommen und waren zufriedenstellend gering. Für die volumetrische Analyse benutzte ich temperierbare Probevorlagen mit einem Gesamtfassungsvermögen von 4 ml. Die Skala war in Abständen von je 0,05 ml unterteilt; ein Schellbach-Streifen unterstützte die Ablesung, die so im Prinzip auf ± 0,01 ml möglich war. Um die Flüssigkeitsproben refraktometrisch analysieren zu können, gebrauchte ich in der Regel ein Abbe-Refraktometer, gelegentlich aber auch ein Zeiss-Eintauchrefraktometer mit einer Genauigkeit von ± 0,00005 in Verbindung mit einer Natriumdampflampe.

10. Ergebnisse

Die Berechnung isothermer und isobarer Phasengleichgewichte gemäß Teil I setzt voraus, daß man wenigstens Kenntnisse über den Dampfdruck der reinen Komponenten und seine Temperaturabhängigkeit sowie über die Temperaturabhängigkeit der binären Mischungslücken besitzen muß. Es war daher zunächst notwendig, sich diese Kenntnisse zu verschaffen. Hierzu bestimmte ich die Dampfdruckkurven der reinen Komponenten mittels der Gleichgewichtsapparatur *G8* und den Temperaturgang der binären Mischungslücken mittels Löslichkeitsuntersuchungen nach den in Abschnitt 9 beschriebenen Methoden. Es zeigte sich, daß meine Meßwerte innerhalb des Temperaturintervalls von 35,0°C (≙ 308,2°K) bis 68,0°C (≙ 341,2°K) sehr gut durch die Parabelfunktionen

$$\log P_{0S1} = 7{,}46743 - 1485{,}71 \cdot \frac{1}{T} - 84\,855 \cdot \frac{1}{T^2} \qquad (10.1\,\mathrm{a})$$

$$\log P_{0S2} = 7{,}11465 - 1263{,}25 \cdot \frac{1}{T} - 163\,854 \cdot \frac{1}{T^2} \qquad (10.1\,\mathrm{b})$$

$$\log P_{0LO} = 8{,}12649 - 1732{,}25 \cdot \frac{1}{T} - 83\,574 \cdot \frac{1}{T^2} \qquad (10.1\,\mathrm{c})$$

und — auf Molenbrüche umgerechnet — durch

$$x'_{S1,OL} = 0{,}4876 \cdot 10^{-6}\, T^2 - 3{,}3144 \cdot 10^{-4}\, T + 5{,}9219 \cdot 10^{-2} \quad (10.2a)$$

$$x'_{S1,OS} = -12{,}965 \cdot 10^{-6}\, T^2 + 60{,}338 \cdot 10^{-4}\, T + 25{,}594 \cdot 10^{-2} \quad (10.2b)$$

$$x'_{S2,OL} = 0{,}086 \cdot 10^{-6}\, T^2 - 0{,}606 \cdot 10^{-4}\, T + 1{,}149 \cdot 10^{-2} \quad (10.2c)$$

$$x'_{S2,OS} = -5{,}21 \cdot 10^{-6}\, T^2 + 20{,}77 \cdot 10^{-4}\, T + 76{,}60 \cdot 10^{-2} \quad (10.2d)$$

dargestellt werden können. Die maximalen Fehler betragen

$$\Delta P_{0k} = \pm\, 0{,}25 \text{ Torr} \qquad \text{für} \quad \Delta T = \pm\, 0{,}025\,°\text{K}$$

und

$$\Delta x'_{Si,OS} = \pm\, 0{,}001 \qquad \text{bzw.} \qquad \Delta x'_{Si,OL} = \pm\, 0{,}0001\ ;$$

innerhalb dieser Grenzen streuten die Meßpunkte gleichmäßig zu beiden Seiten um die durch (10.1) und (10.2) festgelegten Kurven, die in den Diagrammen 15 und 16 wiedergegeben sind. Die Funktionen (10.2) sind sogar bis zu Temperaturen unter 20,0° C ($\triangleq$ 293° K) noch gültig; mit ihnen stehen auch die in der Literatur anzutreffenden Daten (z. B. [10], [11]) in befriedigender Übereinstimmung (Meßwerte innerhalb der oben angegebenen Fehlergrenze). Ich habe daher für die theoretische Ermittlung der Gleichgewichtsdaten des gesamten Systems die sich aus (10.1) und (10.2) ergebenden Wertepaare (P_{0k}; T) und (T; $x'_{Si,OG}$) den Rechnungen zugrunde gelegt. Auf diese Weise konnte ich vorausberechnen und mit den experimentellen Ergebnissen der entsprechenden Messungen vergleichen:

1. das Phasengleichgewicht dampfförmig-flüssig des Systems n-Propylazetat/n-Butylazetat für $T = 317{,}6$° K und für $P = 100{,}0$ Torr. Die Vorausberechnung erfolgte auf Grund der Ausführungen des Abschnitts 2 und lieferte die in Tabelle 1 für den isothermen Fall und in Tabelle 2 für den isobaren Fall wiedergegebenen Werte. Die Diagramme 17 bis 20 am Ende dieser Niederschrift zeigen die entsprechenden Gleichgewichts- und Siede-

TABELLE 1

Isothermes Phasengleichgewicht dampfförmig-flüssig des Systems n-$CH_3COOC_3H_7$/n-$CH_3COOC_4H_9$; vorausberechnet für $T = 317{,}6$° K

P	x'_{S1}	x''_{S1}	g'_{S1}	g''_{S1}	$\log \alpha_0$
32,5	0,000	0,000	0,000	0,000	0,4356
40,0	0,134	0,296	0,120	0,270	0,4356
50,0	0,312	0,553	0,285	0,521	0,4356
60,0	0 490	0,724	0,458	0,698	0,4356
70,0	0,669	0,846	0,640	0,828	0,4356
80,0	0,847	0,937	0,830	0,929	0,4356
88,6	1,000	1,000	1,000	1,000	0,4356

TABELLE 2

Isobares Phasengleichgewicht dampfförmig-flüssig des Systems n-$CH_3COOC_3H_7$/n-$CH_3COOC_4H_9$; vorausberechnet für $P = 100{,}0$ Torr

T	x'_{S1}	x''_{S1}	g'_{S1}	g''_{S1}	$\log \alpha_0$
320,2	1,000	1,000	1,000	1,000	0,4285
323,0	0,811	0,919	0,790	0,909	0,4213
326,0	0,628	0,814	0,597	0,794	0,4136
329,0	0,475	0,698	0,443	0,670	0,4066
332,0	0,333	0,556	0,305	0,524	0,3994
335,0	0,209	0,395	0,189	0,365	0,3926
338,0	0,100	0,212	0,089	0,191	0,3862
340,9	0,000	0,000	0,000	0,000	0,3799

Kondensations-Kurven dieses Systems unter Verwendung des Molenbruchs als Konzentrationsangabe. Transformiert man die Molenbrüche in Gewichtsbrüche gemäß

$$g_k = \frac{M_k x_k}{\sum_{k=1}^{\nu} M_k x_k}$$

(M_k = Molekulargewicht der Komponente k) und zeichnet die Diagramme erneut, so ist ein Vergleich mit den experimentell gewonnenen Daten, die in den Tabellen 3 und 4 festgehalten sind, unmittelbar möglich. In den Diagrammen 21 bis 24 sind die durch Messung

Tabelle 3

Isothermes Phasengleichgewicht dampfförmig-flüssig des Systems n-$CH_3COOC_3H_7$/n-$CH_3COOC_4H_9$; experimentell ermittelt für T = 317,6° K

P	n_0'	n_0''	g_{S1}'	g_{S1}''
32,5	1,3828	1,3828	0,000 ± 0,005	0,000 ± 0,005
38,5	1,3818	1,3806	0,098	0,216
45,6	1,3807	1,3785	0,206	0,422
48,8	1,3800	1,3777	0,275	0,500
53,7	1,3792	1,3768	0,353	0,588
58,1	1,3785	1,3760	0,422	0,667
63,5	1,3776	1,3752	0,510	0,745
74,0	1,3755	1,3739	0,716	0,873
81,2	1,3740	1,3732	0,863	0,941
88,6	1,3726	1,3726	1,000	1,000

Tabelle 4

Isobares Phasengleichgewicht dampfförmig-flüssig des Systems n-$CH_3COOC_3H_7$/n-$CH_3COOC_4H_9$; experimentell ermittelt für P = 100,0 Torr

T	n_0'	n_0''	g_{S1}'	g_{S1}''
320,2	1,3726	1,3726	1,000 ± 0,005	1,000 ± 0,005
321,7	1,3739	1,3731	0,873	0,951
323,9	1,3753	1,3738	0,735	0,882
324,4	1,3756	1,3741	0,706	0,853
328,0	1,3778	1,3755	0,490	0,716
329,1	1,3784	1,3760	0,431	0,667
332,8	1,3800	1,3778	0,275	0,490
336,8	1,3815	1,3801	0,127	0,265
337,9	1,3819	1,3808	0,088	0,196
340,9	1,3828	1,3828	0,000	0,000

gefundenen Werte durch kleine Kreise kenntlich gemacht. Als analytische Grundlage für die experimentelle Bestimmung der Phasengleichgewichte diente dabei der Gang des Brechungsindex $n_D^{44,4}$ mit der Zusammensetzung g_{S1}', für den ich den funktionellen Zusammenhang

$$n_0' = 1,3828 - 0,0102 \cdot g_{S1}' \tag{10.3}$$

gefunden habe (vgl. auch Diagramm Nr. 46). Wie die Diagramme zeigen, besteht eine gute Übereinstimmung zwischen Theorie und Experiment.

2. das Phasengleichgewicht dampfförmig-flüssig der Systeme n-Propylazetat/Wasser und n-Butylazetat/Wasser für T = 317,6° K und für P = 100,0 Torr. Die Vorausberechnung erfolgte auf Grund der Ausführungen des Abschnitts 3 und lieferte die in den Tabellen 5 bis 8 wiedergegebenen Werte. Die Diagramme 25 bis 36 zeigen außer den entsprechenden Gleichgewichts- und Siede-Kondensations-Kurven dieser Systeme auch den funktionellen

Zusammenhang zwischen Aktivitätskoeffizient, relative Flüchtigkeit, freie molare Zusatzenthalpie und Flüssigkeitskonzentration für den theoretisch interessanteren Fall des isothermen Phasengleichgewichtes. Dabei wurde statt der freien molaren Zusatzenthalpie $\Delta^E\overline{G}'$ der hierzu proportionale Ausdruck Q verwendet, der mit x'_{Si} durch die Beziehung

$$\frac{\Delta^E\overline{G}}{2{,}3026\,R\,T} \equiv Q = x'_{Si} \log f_{Si} + (1 - x'_{Si}) \log f_{LO} \tag{10.4}$$

Tabelle 5

Isothermes Phasengleichgewicht dampfförmig-flüssig des Systems n-$CH_3COOC_3H_7/H_2O$; vorausberechnet für $T = 317{,}6\,°K$

P	x'_{S1}	x''_{S1}	g'_{S1}	g''_{S1}	$\log \alpha_{0S1}$	$\log f_{S1}$	$\log f_{LO}$	$\log \frac{f_{S1}}{f_{LO}}$	Q
69,7	0,0000	0,000	0,000	0,000	0,1046	2,445	0,000	2,445	0,000
80,0	0,0004	0,129	0,002	0,456	0,1046	2,445	0,000	2,445	0.001
88,6	0,0008	0,215	0,005	0,608	0,1046	2,445	0,000	2,445	0,002
100 0	0,0012	0,304	0,007	0,712	0,1046	2,445	0,000	2,445	0,003
110,0	0,0017	0,367	0,009	0,767	0,1046	2,445	0,000	2,445	0,004
120,0	0,0021	0,421	0,012	0,805	0,1046	2,445	0,000	2,445	0,005
130,0	0,0025	0,467	0,014	0,832	0,1046	2,445	0,000	2,445	0,006
140,0	0,0029	0,504	0,016	0,852	0,1046	2,445	0,000	2,445	0.007
146,1	0,0031	0,524	0 017	0,862	0,1046	2,445	0,000	2,445	0,008
146,1	0,1000	0,524	0,386	0,862	0,1046	0,937	0,045	0,892	0,134
146,1	0,2000	0,524	0,586	0,862	0,1046	0,636	0,096	0,540	0,204
146,1	0,3000	0,524	0,708	0,862	0,1046	0,460	0,154	0,306	0,246
146,1	0,4000	0,524	0,791	0,862	0,1046	0,335	0,220	0,114	0,266
146,1	0,5000	0,524	0,850	0,862	0,1046	0,238	0,300	—0,062	0,269
146,1	0,6000	0,524	0,895	0,862	0,1046	0,159	0,397	—0,238	0,254
146,1	0,7000	0,524	0,930	0,862	0,1046	0,092	0,522	—0,429	0,221
146,1	0,8000	0,524	0,958	0,862	0,1046	0,034	0,698	—0,664	0,167
146,1	0,8645	0,524	0,973	0,862	0,1046	0,000	0,867	—0 867	0,118
140,0	0,879	0,556	0,976	0,877	0,1046	0,000	0,867	—0,867	0,105
130,0	0,902	0,615	0,981	0,901	0,1046	0,000	0,867	—0,867	0,085
120,0	0,926	0,683	0,986	0,924	0,1046	0,000	0,867	—0,867	0,064
110,0	0,949	0,764	0,991	0,948	0,1046	0,000	0,867	—0,867	0,044
100,0	0,973	0,862	0,995	0,973	0,1046	0,000	0,867	—0,867	0,023
88,6	1,000	1,000	1,000	1,000	0,1046	0,000	0,867	—0,867	0,000

Tabelle 6

Isobares Phasengleichgewicht dampfförmig-flüssig des Systems n-$CH_3COOC_3H_7/H_2O$; vorausberechnet für $P = 100{,}0$ Torr

T	x'_{S1}	x''_{S1}	g'_{S1}	g''_{S1}	$\log \alpha_{0S1}$	$x'_{S1,OL}$	$x'_{S1,OS}$	$g'_{S1,OL}$	$g'_{S1,OS}$
324,8	0,0000	0,000	0,000	0,000	0,0879	0,0030	0,8480	0,017	0,969
322,0	0,0004	0,130	0,002	0,459	0,0943	0,0031	0,8546	0,017	0,971
320,2	0,0007	0,204	0,004	0,592	0,0984	0,0031	0,8587	0,017	0,972
318,0	0,0012	0,291	0,007	0,699	0,1036	0,0031	0,8636	0,017	0,973
316,0	0,0016	0,359	0,009	0,760	0,1084	0,0032	0,8680	0,018	0,974
314,0	0,0021	0,425	0,012	0,807	0,1132	0,0032	0,8723	0,018	0,975
312,0	0,0026	0,483	0,015	0,841	0,1179	0,0033	0,8764	0,019	0,976
309,8	0,0033	0,540	0,019	0,869	0,1234	0,0033	0,8809	0,019	0,977
309,8	0,8809	0,540	0,977	0,869	0,1234	0,0033	0.8809	0,019	0,977
312,0	0,910	0,621	0,983	0,903	0,1179	0,0033	0,8764	0,019	0,976
314.0	0.933	0,699	0,987	0,929	0,1132	0,0032	0,8723	0,018	0,975
316,0	0,955	0,787	0,992	0,954	0,1084	0,0032	0,8680	0,018	0,974
318,0	0,978	0,883	0,996	0,977	0,1036	0,0031	0,8636	0,017	0,973
320,2	1,000	1,000	1,000	1,000	0,0984	0,0031	0,8587	0,017	0,972

Tabelle 7

Isothermes Phasengleichgewicht dampfförmig-flüssig des Systems n-$CH_3COOC_4H_9/H_2O$; vorausberechnet für $T = 317,6°$ K

P	x'_{S2}	x''_{S2}	y'_{S2}	y''_{S2}	$\log \alpha_{0S2}$	$\log f_{S2}$	$\log f_{LO}$	$\log \frac{f_{S2}}{f_{LO}}$	Q
69,7	0,0000	0,000	0,000	0,000	—0,3312	3,000	0,000	3,000	0,000
80,0	0,0003	0,130	0,002	0,491	—0,3312	3,000	0,000	3,000	0,001
90,0	0,0006	0,226	0,004	0,653	—0,3312	3,000	0,000	3,000	0,002
98,9	0,0009	0,296	0,006	0,731	—0,3312	3,000	0,000	3,000	0,003
98,9	0,1000	0,296	0,417	0,731	—0,3312	0,954	0,045	0,909	0,136
98,9	0,2000	0,296	0,617	0,731	—0,3312	0,653	0,097	0,557	0,208
98,9	0,3000	0,296	0,734	0,731	—0,3312	0,477	0,154	0,323	0,251
98,9	0,4000	0,296	0,811	0,731	—0,3312	0,352	0,221	0,131	0,273
98,9	0,5000	0,296	0,866	0,731	—0,3312	0,255	0,301	—0,045	0,278
98,9	0,6000	0,296	0,906	0,731	—0,3312	0,176	0,398	—0,222	0,265
98,9	0,7000	0,296	0,938	0,731	—0,3312	0,109	0,522	—0,413	0,233
98,9	0,8000	0,296	0,963	0,731	—0,3312	0,051	0,699	—0,648	0,181
98,9	0,9001	0,296	0,983	0,731	—0,3312	0,000	1,000	—1,000	0,100
90,0	0,914	0,329	0,986	0,760	—0,3312	0,000	1,000	—1,000	0,086
80,0	0,929	0,377	0,988	0,796	—0,3312	0,000	1,000	—1,000	0,071
69,7	0,944	0,440	0,991	0,835	—0,3312	0,000	1,000	—1,000	0,056
60,0	0,959	0,519	0,993	0,874	—0,3312	0,000	1,000	—1,000	0,041
50,0	0,974	0,633	0,996	0,918	—0,3312	0,000	1,000	—1,000	0,026
40,0	0,990	0,804	0,998	0,964	—0,3312	0,000	1,000	—1,000	0,010
32,5	1,000	1,000	1,000	1,000	—0,3312	0,000	1,000	—1,000	0,000

Tabelle 8

Isobares Phasengleichgewicht dampfförmig-flüssig des Systems n-$CH_3COOC_4H_9/H_2O$; vorausberechnet für $P = 100,0$ Torr

T	x'_{S2}	x''_{S2}	y'_{S2}	y''_{S2}	$\log \alpha_{0S2}$	$x'_{S2,\,OL}$	$x'_{S2,\,OS}$	$y'_{S2,\,OL}$	$y'_{S2,\,OS}$
324,8	0,0000	0,000	0,000	0,000	—0,3289	0,0009	0,8910	0,006	0,981
322,0	0,0003	0,128	0,002	0,486	—0,3296	0,0009	0,8946	0,006	0,982
320,0	0,0006	0,212	0,004	0,634	—0,3302	0,0009	0,8971	0,006	0,983
317,8	0,0009	0,296	0,006	0,731	—0,3310	0,0009	0,8999	0,006	0,983
317,8	0,8999	0,296	0,983	0,731	—0,3310	0,0009	0,8999	0,006	0,983
320,0	0,913	0,337	0,985	0,766	—0,3302	0,0009	0,8971	0,006	0,983
322,0	0,924	0,377	0,987	0,796	—0,3296	0,0009	0,8946	0,006	0,982
324,8	0,939	0,442	0,990	0,836	—0,3289	0,0009	0,8910	0,006	0,981
327,0	0,950	0,497	0,992	0,864	—0,3284	0,0009	0,8881	0,006	0,981
329,0	0,958	0,552	0,993	0,888	—0,3280	0,0009	0,8854	0,006	0,980
332,0	0,970	0,648	0,995	0,922	—0,3275	0,0009	0,8813	0,006	0,980
335,0	0,981	0,751	0,997	0,951	—0,3272	0,0008	0,8771	0,005	0,979
338,0	0,990	0,867	0,998	0,978	—0,3270	0,0008	0,8728	0,005	0,978
340,9	1,000	1,000	1,000	1,000	—0,3269	0,0008	0,8686	0,005	0,977

verbunden ist, vgl. Gl. (4.9b). Sein Differentialquotient ist mit der relativen Flüchtigkeit gemäß

$$\frac{\partial Q}{\partial x'_{Si}} = \log \frac{f_{Si}}{f_{LO}} \equiv \log \alpha_{Si} - \log \alpha_{0Si} \tag{10.5}$$

verknüpft, vgl. Gl. (3.8). Richtet man sein Augenmerk insbesondere auf die Daten der Heteroazetrope, so ist ein Vergleich mit den experimentell gewonnenen sowie mit den in nullter Näherung vorausberechneten Daten (siehe Ende des Abschnitts 3), die beide in Tabelle 9 ebenfalls festgehalten sind, unmittelbar möglich. Als analytische Grundlage für die experimentelle Bestimmung der Phasengleichgewichte dienten dabei volumetrische

Messungen gemäß Gl. (9.3) unter Verwendung der in Tabelle 10 zusammengestellten experimentell ermittelten Daten. Wie Tabelle 9 zeigt, ist die Übereinstimmung zwischen Theorie und Experiment nicht allzu gut, doch unter Berücksichtigung der der Theorie zugrundegelegten Voraussetzungen noch einigermaßen befriedigend. Auffällig ist die Tendenz, Werte anzunehmen, die sich zwischen den in nullter und erster Näherung vorausberechneten Werten bewegen. Wir werden hierüber später noch ausführlicher zu sprechen haben.

TABELLE 9

Vergleich zwischen experimentell ermittelten und vorausberechneten Daten für das Heteroazeotrop der Systeme n-$CH_3COOC_3H_7/H_2O$ und n-$CH_3COOC_4H_9/H_2O$ bei T = 317,6 °K und P = 100,0 Torr

isotherm T_E	System $S1/LO$ P_E	$x''_{S1,OE}$	$g''_{S1,OE}$	System $S2/LO$ P_E	$x''_{S2,OE}$	$g''_{S2,OE}$	Erklärung
317,6	150,2 ±0,25	0,536 ±0,010	0,868 ±0,005	100,0 ±0,25	0,303 ±0,010	0,737 ±0,005	experimentell ermittelt
317,6	158,3	0,560	0,878	102,2	0,318	0,750	vorausberechnet in 0. Näherung
317,6	146,1	0,524	0,862	98,9	0,296	0,731	vorausberechnet in der Näherung gemäß Teil I

isobar P_E	System $S1/LO$ T_E	$x''_{S1,OE}$	$g''_{S1,OE}$	System $S2/LO$ T_E	$x''_{S2,OE}$	$g''_{S2,OE}$	Erklärung
100,0	309,3 ±0,03	0,552 ±0,010	0,875 ±0,005	317,6 ±0,03	0,303 ±0,010	0,737 ±0,005	experimentell ermittelt
100,0	308,4	0,573	0,884	317,2	0,318	0,750	vorausberechnet in 0. Näherung
100,0	309,8	0,540	0,869	317,8	0,296	0,731	vorausberechnet in der Näherung gemäß Teil I

TABELLE 10

Experimentell ermittelte Brechungsindizes und Dichten für besondere Punkte auf den Rändern des ternären Systems n-$CH_3COOC_3H_7$/n-$CH_3COOC_4H_9/H_2O$

t = 20,0 °C:

	$S1$	$g'_{S1,OS}$	$g'_{S1,OL}$	LO	$g'_{S2,OL}$	$g'_{S2,OS}$	$S2$
$(g'_{S1}; g'_{S2})$	(1;0)	(0,983;0)	(0,022;0)	(0;0)	(0;0,007)	(0;0,988)	(0;1)
$n_D^{20,0}$	1,3844	1,3839	1,3351	1,3330	1,3338	1,3938	1,3941
$\varrho^{20,0}$	0,8879	0,8905	0,9977	0,9982	0,9979	0,8835	0,8818
$\varrho^{20,0}_{ber.}$ Gl. (9.1)	0,8879	0,8902	0,9977	0,9982	0,9981	0,8838	0,8818

t = 44,4 °C:

	$S1$	$g'_{S1,OS}$	$g'_{S1,OL}$	LO	$g'_{S2,OL}$	$g'_{S2,OS}$	$S2$
$(g'_{S1}; g'_{S2})$	(1;0)	(0,973;0)	(0,017;0)	(0;0)	(0;0,006)	(0;0,983)	(0;1)
$n_D^{44,4}$	1,3726	1,3721	1,3312	1,3300	1,3306	1,3822	1,3828
$\varrho^{44,4}$	0,8598	0,8638	0,9891	0,9905	0,9901	0,8582	0,8560
$\varrho^{44,4}_{ber.}$ Gl. (9.1)	0,8598	0,8639	0,9888	0,9905	0,9903	0,8583	0,8560

3. den Gang der Daten der Heteroazeotrope n-Propylazetat/Wasser und n-Butylazetat/Wasser mit Temperatur und Druck. Auch hier erfolgte die Vorausberechnung auf Grund der Ausführungen des Abschnitts 3 und lieferte die in Tabelle 11 wiedergegebenen Werte.

TABELLE 11

Experimentell ermittelte und vorausberechnete Eigenschaften des Heteroazeotrops der Systeme n-$CH_3COOC_3H_7/H_2O$ und n-$CH_3COOC_4H_9/H_2O$

T_E	System $S1/LO$				System $S2/LO$				Erklärung
	P_E	$\bar{L}_E$	$x''_{S1,OE}$	$y''_{S1,OE}$	P_E	$\bar{L}_E$	$x''_{S2,OE}$	$y''_{S2,OE}$	
309,3	100,0	9659	0,552	0,875	64,5	10423	0,303	0,737	
317,6	150,2	9594	0,536	0,868	100,0	10339	0,303	0,737	
320,2	170,3	9574	0,533	0,866	114,5	10312	0,304	0,738	experimentell
324,8	210,5	9540	0,525	0,862	143,8	10268	0,304	0,738	ermittelt
340,9	422,6	9427	0,498	0,849	304,2	10122	0,302	0,736	
309,3	104,8	9772	0,572	0,883	65,7	10467	0,316	0,749	vorausberechnet
317,6	158,3	9720	0,560	0,878	102,2	10384	0,318	0,750	in 0. Näherung
320,2	179,7	9703	0,557	0,877	117,0	10358	0,319	0,751	gemäß Gln.(3.37),
324,8	222,7	9676	0,551	0,874	147,1	10314	0,320	0,752	(3.38), (3.35)
340,9	452,1	9585	0,531	0,865	312,3	10169	0,320	0,752	
309,3	97,6	9575	0,541	0,870	63,8	10393	0,297	0,731	vorausberechnet
317,6	146,1	9492	0,524	0,862	98,9	10300	0,296	0,731	in der Näherung
320,2	165,4	9466	0,520	0,860	113,1	10271	0,296	0,731	gemäß Teil I,
324,8	203,8	9421	0,510	0,855	141,9	10221	0,295	0,730	Gln. (3.11b),
340,9	405,0	9261	0,477	0,838	299,0	10055	0,290	0,725	(3.22b), (3.6b)

Zugleich enthält die Tabelle die experimentell gewonnenen sowie die in nullter Näherung vorausberechneten Werte. Auch hier dienten als analytische Grundlage für die experimentelle Bestimmung der Phasengleichgewichtsdaten volumetrische Messungen gemäß Gl. (9.3) unter Verwendung der Tabelle 10. Die Diagramme 37 und 38 zeigen anschaulich die Dampfdruckkurven und die Veränderung der Zusammensetzung mit der Temperatur, wie sie sich bei Gegenüberstellung der vorausberechneten Werte mit den experimentell gefundenen Daten ergeben. Man erkennt, daß mit sinkender Temperatur die Übereinstimmung zwischen Theorie und Experiment immer besser wird. Für die Dampfdruckkurven fand ich dabei, daß meine Meßwerte innerhalb des Temperaturintervalls von $T = 308{,}2\,°K$ bis $T = 341{,}2\,°K$ sehr gut durch die Parabelfunktionen

$$\log P_{E(S1)} = 7{,}94302 - 1564{,}76 \cdot \frac{1}{T} - 84588 \cdot \frac{1}{T^2} \tag{10.6a}$$

$$\log P_{E(S2)} = 8{,}02880 - 1568{,}74 \cdot \frac{1}{T} - 109805 \cdot \frac{1}{T^2} \tag{10.6b}$$

dargestellt werden können.

TABELLE 12

Isothermes Phasengleichgewicht flüssig-flüssig und dampfförmig-flüssig des Systems n-$CH_3COOC_3H_7$/n-$CH_3COOC_4H_9/H_2O$; vorausberechnet für $T = 317{,}6\ °K$

$P_{0S1} = 88{,}6$ $P_{0S2} = 32{,}5$ $P_{0LO} = 69{,}7$ $c_{S1} = 275$ $c_{S2} = 978$ $c_{LO(S1)} = 7{,}357$ $c_{LO(S2)} = 10{,}001$

$x'_{S1,S}$ (4.33a)	$x'_{S2,S}$ (vorg.)	$x'_{LO,S}$ (Diff.)	$\mathfrak{x}'_{S1,S}$	$y'_{S1,S}$	$y'_{S2,S}$	$y'_{LO,S}$	$\mathfrak{y}'_{S1,S}$
0,8645	0,0000	0,1355	1,000	0,9731	0,000	0,0269	1,000
0,7692	0,1000	0,1308	0,885	0,8490	0,1255	0,0255	0,871
0,6736	0,2000	0,1264	0,771	0,7295	0,2463	0,0242	0,748
0,5779	0,3000	0,1221	0,658	0,6144	0,3627	0,0229	0,629
0,4820	0,4000	0,1180	0,547	0,5033	0,4750	0,0217	0,515
0,3859	0,5000	0,1141	0,436	0,3959	0,5834	0,0207	0,404
0,2897	0,6000	0,1103	0,326	0,2922	0,6882	0,0196	0,298
0,1933	0,7000	0,1067	0,216	0,1917	0,7896	0,0187	0,195
0,0968	0,8000	0,1032	0,108	0,0945	0,8878	0,0177	0,096
0,0000	0,9001	0,0999	0,000	0,0000	0,9831	0,0169	0,000

TABELLE 12 (Fortsetzung)

$\mathfrak{x}'_{S1,S}$	$f_{S1,S}$ (4.25)	$f_{S2,S}$ (4.25)	$f_{LO,S}$ (4.25)	$\varkappa_{S1}$ (4.29a)	$\varkappa_{S2}$ (4.29b)	β (4.30)	$P_{S1,E}$ (4.26)	$P_{S2,E}$ (4.26)	$P_{LO,E}$ (4.26)	P_E (4.60b)
1,000	1,000	1,046	7,357	0,003632	0,001069	3,40	76,6	0,0	69,5	146,1
0,885	0,995	1,039	7,620	0,003614	0,001062	3,40	67,8	3,4	69,5	140,7
0,771	0,990	1,033	7,891	0,003596	0,001056	3,41	59,1	6,7	69,5	135,3
0,658	0,986	1,027	8,169	0,003581	0,001050	3,41	50,5	10,0	69,5	130,0
0,547	0,982	1,022	8,456	0,003567	0,001044	3,42	41,9	13,3	69,6	124,8
0,436	0,978	1,017	8,751	0,003552	0,001039	3,42	33,4	16,5	69,6	119,5
0,326	0,975	1,012	9,052	0,003541	0,001034	3,42	25,0	19,7	69,6	114,3
0,216	0,972	1,008	9,361	0,003530	0,001030	3,43	16,7	22,9	69,6	109,2
0,108	0,969	1,004	9,677	0,003519	0,001026	3,43	8,3	26,1	69,6	104,0
0,000	0,967	1,000	10,001	0,003512	0,001022	3,44	0,0	29,3	69,6	98,9

$\mathfrak{x}'_{S1,S}$	$\mathfrak{g}'_{S1,S}$	$x'_{S1,L}$ (4.34)	$x'_{S2,L}$ (4.34)	$x'_{LO,L}$ (Diff.)	$\mathfrak{x}'_{S1,L}$	$g'_{S1,L}$	$g'_{S2,L}$	$g'_{LO,L}$	$\mathfrak{g}'_{S1,L}$
1,000	1,000	0,0031	0,0000	0,9969	1,000	0,0175	0,0000	0,9825	1,000
0,885	0,871	0,0028	0,0001	0,9971	0,962	0,0155	0,0007	0,9838	0,957
0,771	0,748	0,0024	0,0002	0,9974	0,920	0,0136	0,0013	0,9851	0,913
0,658	0,629	0,0021	0,0003	0,9976	0,866	0,0116	0,0020	0,9864	0,853
0,547	0,515	0,0017	0,0004	0,9979	0,804	0,0097	0,0027	0,9876	0,782
0,436	0,404	0,0014	0,0005	0,9981	0,725	0,0077	0,0033	0,9890	0,700
0,326	0,298	0,0010	0,0006	0,9984	0,624	0,0058	0,0040	0,9902	0,592
0,216	0,195	0,0007	0,0007	0,9986	0,486	0,0038	0,0046	0,9916	0,452
0,108	0,096	0,0003	0,0008	0,9989	0,293	0,0019	0,0053	0,9928	0,264
0,000	0,000	0,0000	0,0009	0,9991	0,000	0,0000	0,0059	0,9941	0,000

$\mathfrak{x}'_{S1,S}$	$\mathfrak{g}'_{S1,S}$	$x''_{S1,E}$ (4.43)	$x''_{S2,E}$ (4.43)	$x''_{LO,E}$ (Diff.)	$\mathfrak{x}''_{S1,E}$	$g''_{S1,E}$	$g''_{S2,E}$	$g''_{LO,E}$	$\mathfrak{g}''_{S1,E}$
1,000	1,000	0,5243	0,0000	0,4757	1,000	0,8620	0,0000	0,1380	1,000
0,885	0,871	0,4821	0,0240	0,4939	0,953	0,8082	0,0458	0,1460	0,946
0,771	0,748	0,4366	0,0496	0,5138	0,898	0,7481	0,0967	0,1552	0,886
0,658	0,629	0,3883	0,0770	0,5347	0,835	0,6810	0,1536	0,1654	0,816
0,547	0,515	0,3361	0,1065	0,5574	0,759	0,6050	0,2180	0,1770	0,735
0,436	0,404	0,2797	0,1383	0,5820	0,669	0,5183	0,2915	0,1902	0,640
0,326	0,298	0,2189	0,1725	0,6086	0,559	0,4190	0,3755	0,2055	0,527
0,216	0,195	0,1525	0,2100	0,6375	0,421	0,3027	0,4741	0,2232	0,390
0,108	0,096	0,0799	0,2509	0,6692	0,242	0,1653	0,5904	0,2443	0,219
0,000	0,000	0,0000	0,2958	0,7042	0,000	0,0000	0,7303	0,2697	0,000

$\mathfrak{x}''_{S1,E}$	$\mathfrak{g}''_{S1,E}$	$x'_{S1,E}$ (graph.)	$x'_{S2,E}$ (graph.	$x'_{LO,E}$ (Diff.)	$\mathfrak{x}'_{S1,E}$	$g'_{S1,E}$	$g'_{S2,E}$	$g'_{LO,E}$	$\mathfrak{g}'_{S1,E}$	α (4.49)
1,000	1,000	0,524	0,000	0,476	1,000	0,862	0,000	0,138	1,000	—
0,953	0,946	0,426	0,055	0,519	0,885	0,734	0,108	0,158	0,872	2,61
0,898	0,886	0,344	0,102	0,554	0,772	0,617	0,208	0,175	0,748	2,61
0.835	0 816	0 273	0,142	0,585	0,659	0,509	0,299	0,192	0,630	2,61
0,759	0,735	0,213	0,176	0,611	0,547	0,409	0,384	0,207	0,515	2,61
0,669	0,640	0,159	0,206	0,635	0,437	0,315	0,463	0,222	0,405	2,61
0,559	0,527	0,113	0,232	0,655	0,327	0,229	0,536	0,235	0,299	2,62
0,421	0,390	0,071	0,256	0,673	0,217	0,148	0,605	0,247	0,196	2,62
0,242	0,129	0,034	0,277	0,689	0,109	0,072	0,669	0,259	0,097	2,62
0,000	0,000	0,000	0,296	0,704	0,000	0,000	0,731	0,269	0,000	—

Tabelle 13

Isobares Phasengleichgewicht flüssig-flüssig und dampfförmig-flüssig des Systems n-$CH_3COOC_3H_7$/n-$CH_3COOC_4H_9$/H_2O; vorausberechnet für P = 100,0 Torr

T	P_{0S1}	P_{0S2}	P_{0LO}	c_{S1}	c_{S2}	$c_{LO(S1)}$	$x_{LO(S2)}$	$x'_{S1,OS}$	$x'_{S1,OL}$	$x'_{S2,OS}$	$x'_{S2,OL}$
309,8	61,3	21,4	46,1	264	938	8,368	11,027	0,8809	0,0033	0,9094	0,0010
311,8	67,6	23,9	51,5	267	955	8,090	10,754	0,8768	0,0033	0,9071	0,0010
313,8	74,2	26,6	57,1	270	963	7,830	10,494	0,8727	0,0032	0,9048	0,0009
315,0	81,5	29,6	63,4	273	970	7,575	10,226	0,8684	0,0032	0,9023	0,0009
317,8	89,6	32,9	70,5	276	978	7,341	9,981	0,8642	0,0031	0,8999	0,0009

T	$x'_{S1,S}$	$x'_{S2,S}$	$x'_{LO,S}$	$\mathfrak{x}'_{S1,S}$	$g'_{S1,S}$	$g'_{S2,S}$	$g'_{LO,S}$	$\mathfrak{g}'_{S1,S}$
309,8	0,8809	0,0000	0,1191	1,000	0,9767	0,0000	0,0233	1,000
311,8	0,6343	0,2520	0,1137	0,716	0,6741	0,3046	0,0213	0,689
313,8	0,4136	0,4775	0,1089	0,464	0,4238	0,5565	0,0197	0,432
315,8	0,2011	0,6945	0,1044	0,225	0,1992	0,7825	0,0183	0,203
317,8	0,0000	0,8999	0,1001	0,000	0,0000	0,9830	0,0170	0,000

T	$\mathfrak{x}'_{S1,S}$	$f_{S1,S}$	$f_{S2,S}$	$f_{LO,S}$	$\varkappa_{S1}$	$\varkappa_{S2}$	β	$P_{S1,E}$	$P_{S2,E}$	$P_{LO,E}$	P_E
309,8	1,000	1,000	1,036	8,368	0,003792	0,001105	3,43	54,0	0,0	46,0	100,0
311,8	0,716	0,990	1,025	8,771	0,003704	0,001073	3,45	42,4	6,2	51,4	100,0
313,8	0,464	0,981	1,016	9,162	0,003631	0,001056	3,44	30,1	12,9	57,0	100,0
315,8	0,225	0,974	1,008	9,562	0,003567	0,001039	3,43	16,0	20,7	63,3	100,0
317,8	0,000	0,967	1,000	9,981	0,003502	0,001022	3,43	0,0	29,6	70,4	100,0

T	$\mathfrak{x}'_{S1,S}$	$\mathfrak{g}'_{S1,S}$	$x'_{S1,L}$	$x'_{S2,L}$	$x'_{LO,L}$	$\mathfrak{x}'_{S1,L}$	$g'_{S1,L}$	$g'_{S2,L}$	$g'_{LO,L}$	$\mathfrak{g}'_{S1,L}$
309,8	1,000	1,000	0,0033	0,0000	0,9967	1,000	0,0186	0,0000	0,9814	1,000
311,8	0,716	0,689	0,0023	0,0003	0,9974	0,897	0,0132	0,0017	0,9851	0,886
313,8	0,464	0,432	0,0015	0,0005	0,9980	0,750	0,0084	0,0032	0,9884	0,724
315,8	0,225	0,203	0,0007	0,0007	0,9986	0,500	0,0041	0,0046	0,9913	0,471
317,8	0,000	0,000	0,0000	0,0009	0,9991	0,000	0,0000	0,0059	0,9941	0,000

T	$\mathfrak{x}'_{S1,S}$	$\mathfrak{g}'_{S1,S}$	$x''_{S1,E}$	$x''_{S2,E}$	$x''_{LO,E}$	$\mathfrak{x}''_{S1,E}$	$g''_{S1,E}$	$g''_{S2,E}$	$g''_{LO,E}$	$\mathfrak{g}''_{S1,L}$
309,8	1,000	1,000	0,540	0,000	0,460	1,000	0,869	0,000	0,131	1,000
311,8	0,716	0,689	0,424	0,062	0,514	0,872	0,725	0,121	0,154	0,857
313,8	0,464	0,432	0,301	0,129	0,570	0,700	0,549	0,268	0,183	0,672
315,8	0,225	0,203	0,160	0,207	0,633	0,436	0,316	0,464	0,220	0,405
317,8	0,000	0,000	0,000	0,296	0,704	0,000	0,731	0,731	0,269	0,000

T	$\mathfrak{x}''_{S1,E}$	$\mathfrak{g}''_{S1,E}$	$x'_{S1,E}$ (graph.)	$x'_{S2,E}$ (graph.)	$x'_{LO,E}$ (Diff.)	$\mathfrak{x}'_{S1,E}$	$g'_{S1,E}$	$g'_{S2,E}$	$g'_{LO,E}$	$\mathfrak{g}'_{S1,E}$	α (4.49)
309,8	1,000	1,000	0,540	0,000	0,460	1,000	0,869	0,000	0,131	1,000	—
311,8	0,872	0,857	0,311	0,123	0,566	0,717	0,565	0,254	0,181	0,690	2,69
313,8	0,700	0,672	0,175	0,201	0,624	0,465	0,341	0,445	0,214	0,434	2,68
315,8	0,436	0,405	0,074	0,253	0,673	0,226	0,154	0,599	0,247	0,205	2,65
317,8	0,000	0,000	0,000	0,296	0,704	0,000	0,000	0,731	0,269	0,000	—

4. das Phasengleichgewicht flüssig-flüssig und dampfförmig-flüssig des Systems n-Propylazetat/n-Butylazetat/Wasser für $T = 317{,}6\,°K$ und für $P = 100{,}0$ Torr. Die Vorausberechnung erfolgte auf Grund der Ausführungen des Abschnitts 4 und lieferte die in Tabelle 12 für den isothermen Fall und in Tabelle 13 für den isobaren Fall wiedergegebenen Werte. Hierzu ist zu bemerken, daß für die Gewinnung der Spalten $x'_{Si,S}$ folgender Weg eingeschlagen wurde: Zunächst gab ich mir eine Anzahl Werte für $x'_{S2,S}$ vor und errechnete mit Hilfe der quadratischen Gleichung (4.33b) Näherungswerte $\bar{x}'_{S1,S}$ für $x'_{S1,S}$. In der Regel ist für diese Werte Gl. (4.33a) nicht erfüllt, sondern zeigt eine Abweichung $\bar{y}'_{S1,S}$. Ich benutzte für die Lösung der Gl. (4.33a) zum Aufsuchen der Nullstellen das Tangentenverfahren

$$\bar{x}'_{S1,S} - \bar{y}'_{S1,S} : \frac{d\bar{y}'_{S1,S}}{d\bar{x}'_{S1,S}} = \bar{\bar{x}}'_{S1,S}, \qquad (10.7)$$

das im allgemeinen bereits nach dem ersten Iterationsschritt die Lösung $x'_{S1,S}$ mit der verlangten Genauigkeit lieferte. Die Spalten $x'_{Si,E}$ wurden durch Anwendung der in Abschnitt 4 beschriebenen graphischen Methode gewonnen. In den Diagrammen 39 bis 44 sind die sich

TABELLE 14

Isothermer Verlauf der Binodalkurven S und L des Systems $n\text{-}CH_3COOC_3H_7/n\text{-}CH_3COOC_4H_9/H_2O$; experimentell ermittelt für $T = 317{,}6\,°K$

a) S-Kurvenzweig:

$g'_{S1,S}$	$g'_{S2,S}$	$g'_{LO,S}$	$\mathfrak{g}'_{S1,S}$	n'_S	$\varrho'_{S,\text{ber.}}$
0,973	0,000	0,027	1,000 ± 0,002	1,3721	0,8639
0,896	0,079	0,025	0,920	1,3729	0,8633
0,889	0,086	0,025	0,911	1,3730	0,8632
0,820	0,156	0,024	0,840	1,3738	0,8630
0,751	0,227	0.022	0 768	1 3745	0,8623
0,743	0,235	0,022	0,760	1,3746	0,8623
0,643	0,336	0,021	0,657	1,3757	0,8618
0,540	0,441	0,019	0,550	1,3768	0,8611
0,433	0,548	0,019	0,441	1,3779	0,8607
0,329	0,653	0,018	0,335	1,3789	0,8600
0,320	0,662	0,018	0,326	1,3790	0,8599
0,268	0,714	0,018	0,273	1,3795	0,8597
0,240	0,742	0,018	0,244	1,3798	0,8596
0,156	0,827	0,017	0,159	1,3807	0,8591
0,147	0,836	0,017	0,150	1,3807	0,8590
0,084	0,899	0,017	0,085	1,3814	0,8588
0,019	0,964	0,017	0,019	1,3820	0,8584
0,010	0,973	0,017	0,010	1,3821	0,8584
0,000	0,983	0,017	0,000	1,3822	0,8583

b) L-Kurvenzweig:

$g'_{S1,L}$	$g'_{S2,L}$	$g'_{LO,L}$	$\mathfrak{g}'_{S1,L}$	n'_L	$\varrho'_{L,\text{ber.}}$
0,0175	0,0000	0,9825	1,000 ± 0,050	1,3312	0,9888
0,0143	0,0011	0,9846	0,929	1,3310	0,9888
0,0122	0,0018	0,9860	0,871	1,3309	0,9889
0,0096	0,0027	0,9877	0,780	1,3308	0,9891
0,0063	0,0038	0,9899	0,624	1,3307	0,9894
0,0034	0,0048	0,9918	0,415	1,3306	0,9896
0,0019	0,0053	0,9928	0,264	1,3306	0,9899
0,0000	0,0059	0,9941	0,000	1,3306	0,9903

TABELLE 15

Isothermes Phasengleichgewicht flüssig-flüssig des Systems n-$CH_3COOC_3H_7$/n-$CH_3COOC_4H_9$/H_2O; experimentell ermittelt für T = 317,6° K

$g'_{S1,K}$	$g'_{S2,K}$	$g'_{LO,K}$	n'_S	$\mathfrak{g}'_{S1,S}$	$g'_{S1,S}$	$g'_{S2,S}$	$g'_{LO,S}$
0,086	0,012	0,902	1,3735	0,867 ± 0,005	0,846	0,130	0,024
0,077	0,023	0,900	1,3747	0,752	0,735	0,243	0,022
0,055	0,028	0,917	1,3760	0.626	0,612	0,367	0,021
0,042	0,035	0,923	1,3772	0,507	0,497	0,483	0,020
0,039	0,050	0,911	1,3782	0,408	0,400	0,581	0,019
0,031	0,064	0,905	1,3793	0,298	0,293	0,689	0,018
0,019	0,068	0,913	1,3803	0,196	0,193	0,790	0,017
0,010	0,085	0,905	1,3813	0,093	0,091	0,892	0,017

$\mathfrak{g}'_{S1,S}$	$g'_{S1,L}$	$g'_{S2,L}$	$g'_{LO,L}$	$\mathfrak{g}'_{S1,L}$	n'_L	β
0,867 ± 0,005	0,0148	0,0009	0,9843	0,943 ± 0,050	1,3311	2,6 ± 1,0
0,752	0,0131	0,0015	0,9854	0,897	1,3310	2,9
0,626	0,0122	0,0018	0,9860	0,871	1,3309	3,9
0,507	0,0092	0,0028	0,9880	0,767	1,3308	3,2
0,408	0,0077	0,0033	0,9890	0,700	1,3307	3,5
0,298	0,0056	0,0040	0,9904	0,583	1,3307	3,4
0,196	0,0036	0,0047	0,9917	0,433	1,3306	3,2
0,093	0,0021	0,0052	0,9927	0,2[illegible]8	1,3306	4,2

TABELLE 16

Isothermes Phasengleichgewicht dampfförmig-flüssig des Systems n-$CH_3COOC_3H_7$/n-$CH_3COOC_4H_9$/H_2O; in nullter Näherung vorausberechnet für T = 317,6° K

$x'^{(0)}_{S1,S}$	$g'^{(0)}_{S1,S}$	$P^{(0)}_E$	$x''^{(0)}_{S1,E}$	$x''^{(0)}_{S2,E}$	$x''^{(0)}_{LO,E}$	$\mathfrak{x}''^{(0)}_{S1,E}$	$g''^{(0)}_{S1,E}$	$g''^{(0)}_{S2,E}$	$g''^{(0)}_{LO,E}$	$\mathfrak{g}''^{(0)}_{S1,E}$
0,000	0,000	102,2	0,000	0,318	0,682	0,000	0,000	0,750	0,250	0,000
0,134	0,120	109,7	0,108	0,257	0,635	0,296	0,211	0,570	0,219	0,270
0,312	0,285	119,7	0,231	0,187	0,582	0,553	0,423	0,389	0,188	0,521
0,490	0,458	129,7	0,334	0,128	0,538	0,724	0,582	0,253	0,165	0,698
0,669	0,640	139,7	0,424	0,077	0,499	0,846	0,707	0,146	0,147	0,828
0,847	0,830	149,7	0,500	0,034	0,466	0,937	0,806	0,062	0,132	0,929
1,000	1,000	158,3	0,560	0,000	0,440	1,000	0,878	0,000	0,122	1,000

TABELLE 17

Isobares Phasengleichgewicht dampfförmig-flüssig des Systems n-$CH_3COOC_3H_7$/n-$CH_3COOC_4H_9$/H_2O; in nullter Näherung vorausberechnet für P = 100,0 Torr

$x'^{(0)}_{S1,S}$	$g'^{(0)}_{S1,S}$	$T^{(0)}_E$	$x''^{(0)}_{S1,E}$	$x''^{(0)}_{S2,E}$	$x''^{(0)}_{LO,E}$	$\mathfrak{x}''^{(0)}_{S1,E}$	$g''^{(0)}_{S1,E}$	$g''^{(0)}_{S2,E}$	$g''^{(0)}_{LO,E}$	$\mathfrak{g}''^{(0)}_{S1,E}$
0,000	0,000	317,2	0,000	0,318	0,682	0,000	0,000	0,750	0,250	0,000
0,250	0,227	314,7	0,193	0,209	0,598	0,480	0,360	0,443	0,197	0,448
0,500	0,468	312,4	0,347	0,123	0,530	0,738	0,598	0,241	0,161	0,713
0,750	0,725	310,3	0,471	0,055	0,474	0,896	0,763	0,102	0,135	0,882
1,000	1,000	308,4	0,573	0,000	0,427	1,000	0,884	0,000	0,116	1,000

TABELLE 18

Isothermes Phasengleichgewicht dampfförmig-flüssig des Systems n-$CH_3COOC_3H_7$/n-$CH_3COOC_4H_9$/H_2O; experimentell ermittelt für $T = 317{,}6°$ K

a) unmittelbare Meßwerte:

P	n'_S	n_S	n_L	V_S	V_L
$\Delta P = \pm 0{,}25$	$\Delta n'_S = \pm 0{,}00005$	$\Delta n_S = \pm 0{,}00005$	$\Delta n_L = \pm 0{,}00005$	$\Delta V_S = \pm 0{,}025$	$\Delta V_L = \pm 0{,}025$
150,2	1,3721	1,3721	1,3312	2,58	0,28
147,1	1,3729	1,3724	1,3312	2,36	0,28
145,9	1,3730	1,3725	1,3312	2,45	0,30
138,5	1,3747	1,3733	1,3311	2,36	0,32
138,2	1,3748	1,3734	1,3311	2,39	0,33
134,3	1,3757	1,3738	1,3310	2,36	0,35
134,0	1,3758	1,3739	1,3310	2,41	0,37
128,3	1,3768	1,3746	1,3309	2,39	0,39
123,0	1,3779	1,3757	1,3309	2,37	0,40
119,0	1,3789	1,3764	1,3308	2,36	0,47
115,1	1,3795	1,3775	1,3308	2,33	0,51
112,8	1,3799	1,3779	1,3308	2,34	0,51
109,7	1,3806	1,3789	1,3307	2,32	0,56
109,1	1,3807	1,3790	1,3307	2,30	0,56
104,2	1,3814	1,3803	1,3306	2,28	0,58
101,8	1,3820	1,3818	1,3306	2,26	0,61
100,7	1,3821	1,3820	1,3306	2,25	0,64
100,0	1,3822	1,3822	1,3306	2,30	0,67

b) abgeleitete Meßwerte:

$\mathfrak{g}'_{S1,S}$	$\mathfrak{g}_{S1,S}$	$g_{S1,S}$	$g_{S2,S}$	$g_{LO,S}$	ϱ_S
$\Delta\mathfrak{g}'_{S1,S} = \pm 0{,}005$	$\Delta\mathfrak{g}_{S1,S} = \pm 0{,}005$	$\Delta g_{S1,S} = \pm 0{,}005$	$\Delta g_{S2,S} = \pm 0{,}005$	$\Delta g_{LO,S} = \pm 0{,}001$	$\Delta\varrho_S = \pm 0{,}0005$
1,000	1,000	0,973	0,000	0,027	0,864
0,924	0,972	0,946	0,028	0,026	0,864
0,915	0,962	0,937	0,037	0,026	0,864
0,752	0,886	0,863	0,112	0,025	0,863
0,742	0,877	0,856	0,120	0,024	0,863
0,655	0,839	0,819	0,157	0,024	0,863
0,645	0,829	0,810	0,167	0,023	0,863
0,547	0,761	0,744	0,234	0,022	0,862
0,438	0,655	0,641	0,338	0,021	0,862
0,338	0,586	0,574	0,406	0,020	0,861
0,277	0,478	0,469	0,512	0,019	0,861
0,237	0,438	0,429	0,552	0,019	0,861
0,165	0,338	0,332	0,650	0,018	0,860
0,155	0,328	0,322	0,660	0,018	0,860
0,083	0,196	0,193	0,790	0,017	0,859
0,021	0,042	0,041	0,942	0,017	0,859
0,010	0,021	0,021	0,962	0,017	0,859
0,000	0,000	0,000	0,983	0,017	0,858

TABELLE 18 (Fortsetzung)

$\mathfrak{g}_{S1,S}$	$\mathfrak{g}_{S1,L}$	$g_{S1,L}$	$g_{S2,L}$	$g_{LO,L}$	ϱ_L
$\Delta\mathfrak{g}_{S1,S} =$ $\pm$ 0,005	(graph.) $\Delta\mathfrak{g}_{S1,L} =$ $\pm$ 0,010	$\Delta g_{S1,L} =$ $\pm$ 0,0005	$\Delta g_{S2,L} =$ $\pm$ 0,0005	$\Delta g_{LO,L} =$ $\pm$ 0,0005	$\Delta\varrho_L =$ $\pm$ 0,0005
1,000	1,000	0,0175	0,0000	0,9825	0,989
0,972	0,993	0,0172	0,0001	0,9827	0,989
0,962	0,990	0,0169	0,0002	0,9829	0,989
0,886	0,963	0,0157	0,0006	0,9837	0,989
0,877	0,960	0,0156	0,0006	0,9838	0,989
0,839	0,947	0,0151	0,0008	0,9841	0,989
0.829	0,944	0,0148	0,0009	0,9843	0,989
0,761	0,918	0,0139	0,0012	0,9849	0,989
0,655	0,868	0,0122	0,0018	0,9860	0,989
0,586	0,829	0,0110	0,0022	0,9868	0,989
0,478	0,757	0,0089	0,0029	0,9882	0,989
0,438	0,728	0,0083	0,0031	0,9886	0,989
0,338	0,637	0,0065	0,0037	0,9898	0,989
0,328	0,625	0,0062	0,0038	0,9900	0,989
0,196	0,453	0,0039	0,0046	0,9915	0,990
0,042	0,129	0,0009	0,0056	0,9935	0,990
0,021	0,067	0,0003	0,0058	0,9939	0,990
0,000	0,000	0,0000	0,0059	0,9941	0,990

$\mathfrak{g}'_{S1,S}$ $\approx \mathfrak{g}'_{S1,E}$	$g''_{S1,E}$	$g''_{S2,E}$	$g''_{LO,E}$	$\mathfrak{g}''_{S1,E}$
$\Delta\mathfrak{g}'_{S1,E} =$ $\pm$ 0,005	$\Delta g''_{S1,E} =$ $\pm$ 0,010	$\Delta g''_{S2,E} =$ $\pm$ 0,010	$\Delta g''_{LO,E} =$ $\pm$ 0,002	$\Delta\mathfrak{g}''_{S1,E} =$ $\pm$ 0,010
1,000	0,868	0,000	0,133	1,000
0,924	0,835	0,025	0,140	0,971
0,915	0,824	0,032	0,144	0,963
0,752	0,749	0,097	0,154	0,885
0,742	0,741	0,104	0,155	0,877
0,655	0,702	0,134	0,164	0,840
0,645	0,691	0,142	0,167	0,830
0,547	0,629	0,197	0,174	0,762
0,438	0,539	0,284	0,178	0,655
0,338	0,446	0,354	0,200	0,586
0,277	0,378	0,411	0,211	0,479
0,237	0,345	0,442	0,213	0,438
0,165	0,261	0,510	0,229	0,33[illegible]
0,155	0,253	0,516	0,231	0,329
0,083	0,150	0,612	0,238	0,197
0,021	0,032	0,719	0,249	0,043
0,010	0,016	0,726	0,258	0,022
0,000	0,000	0,737	0,263	0,000

Tabelle 19

Isobares Phasengleichgewicht dampfförmig-flüssig des Systems n-$CH_3COOC_3H_7$/n-$CH_3COOC_4H_9$/H_2O; experimentell ermittelt für P = 100,0 Torr

a) unmittelbare Meßwerte:

T	n'_S	n_S	n_L	V_S	V_L
ΔT = ± 0,03	$\Delta n'_S$ = ± 0,00005	Δn_S = ± 0,00005	Δn_L = ± 0,00005	ΔV_S = ± 0,025	ΔV_L = ± 0,025
309,3	1,3721	1,3721	1,3312	2,19	0,22
311,0	1,3749	1,3734	1,3311	2,14	0,28
312,5	1,3769	1,3747	1,3309	2,10	0,34
312,8	1,3774	1,3751	1,3309	2,07	0,34
314,1	1,3789	1,3764	1,3308	2,03	0,40
314,4	1,3792	1,3768	1,3308	2,00	0,41
315,6	1,3804	1,3786	1,3307	1,94	0,45
317,6	1,3822	1,3822	1,3306	1,88	0,55

b) abgeleitete Meßwerte:

$\mathfrak{g}'_{S1,S}$	$\mathfrak{g}_{S1,S}$	$g_{S1,S}$	$g_{S2,S}$	$g_{LO,S}$	ϱ_S
$\Delta\mathfrak{g}'_{S1,S}$ = ± 0,005	$\Delta\mathfrak{g}_{S1,S}$ = ± 0,005	$\Delta g_{S1,S}$ = ± 0,005	$\Delta g_{S2,S}$ = ± 0,005	$\Delta g_{LO,S}$ = ± 0,001	$\Delta\varrho_S$ = ± 0,0005
1,000	1,000	0,973	0,000	0,027	0,864
0,733	0,877	0,856	0,120	0,024	0,863
0,537	0,758	0,741	0,237	0,022	0,862
0,488	0,713	0,698	0,281	0,021	0,862
0,338	0,586	0,574	0,406	0,020	0,861
0,308	0,547	0,536	0,444	0,020	0,861
0,186	0,368	0,360	0,621	0,019	0,860
0,000	0,000	0,000	0,983	0,017	0,858

$\mathfrak{g}_{S1,S}$	$\mathfrak{g}_{S1,L}$	$g_{S1,L}$	$g_{S2,L}$	$g_{LO,L}$	ϱ_L
$\Delta\mathfrak{g}_{S1,S}$ = ± 0,005	(graph.) $\Delta\mathfrak{g}_{S1,L}$ = ± 0,010	$\Delta g_{S1,L}$ = ± 0,0005	$\Delta g_{S2,L}$ = ± 0,0005	$\Delta g_{LO,L}$ = ± 0,0005	$\Delta\varrho_L$ = ± 0,0005
1,000	1,000	0,0175	0,0000	0,9825	0,989
0,877	0,960	0,0156	0,0006	0,9838	0,989
0,758	0,916	0,0136	0,0013	0,9851	0,989
0,713	0,897	0,0131	0,0015	0,9854	0,989
0,586	0,829	0,0110	0,0022	0,9868	0,989
0,547	0,803	0,0101	0,0025	0,9874	0,989
0,368	0,668	0,0071	0,0035	0,9894	0,989
0,000	0,000	0,0000	0,0059	0,9941	0,990

Tabelle 19 (Fortsetzung)

$\mathfrak{g}'_{S1,S} \approx \mathfrak{g}'_{S1,E}$	$g''_{S1,E}$	$g''_{S2,E}$	$g''_{LO,E}$	$\mathfrak{g}''_{S1,E}$
$\Delta\mathfrak{g}'_{S1,E} = \pm 0{,}005$	$\Delta g''_{S1,E} = \pm 0{,}010$	$\Delta g''_{S2,E} = \pm 0{,}010$	$\Delta g''_{LO,E} = \pm 0{,}002$	$\Delta\mathfrak{g}''_{S1,E} = \pm 0{,}010$
1,000	0,875	0,000	0,125	1,000
0,733	0,748	0,105	0,149	0,877
0,537	0,627	0,200	0,173	0,758
0,488	0,589	0,237	0,174	0,713
0,338	0,470	0,332	0,199	0,586
0,308	0,436	0,360	0,204	0,548
0,186	0,285	0,491	0,223	0,367
0,000	0,000	0,737	0,263	0,000

an Hand der Tabellenwerte ergebenden Konzentrations-, Gleichgewichts- und Siede-Kondensations-Kurven des ternären Systems unter Verwendung des Molenbruchs als Konzentrationsangabe gezeigt. Transformiert man wieder die Molenbrüche in Gewichtsbrüche und zeichnet die Diagramme erneut, so ist ein Vergleich mit den experimentell gewonnenen sowie mit den in nullter Näherung vorausberechneten Daten (siehe Ende des Abschnitts 4), die beide in den Tabellen 14 bis 19 ebenfalls festgehalten sind, unmittelbar möglich. Als analytische Grundlage für die experimentelle Bestimmung der Phasengleichgewichte dienten dabei der Gang des Brechungsindex $n_D^{44,4}$ mit der Zusammensetzung $\mathfrak{g}'_{S1,S}$ des S-Zweiges der Binodalkurve, für den ich den funktionellen Zusammenhang

$$n'_S = 1{,}3822 - 0{,}0096\, \mathfrak{g}'_{S1,S} - 0{,}0005\, \mathfrak{g}'^{2}_{S1,S} \tag{10.8}$$

gefunden habe (vgl. auch Diagramm Nr. 46), sowie volumetrische Messungen gemäß Gl. (9.2) unter Verwendung der Formel (9.1). Bei der Auswertung der Ergebnisse der Phasengleichgewichtsmessungen flüssig-flüssig fand ich, daß man die Konzentrationsverhältnisse längs der S-Kurve gut durch die Formeln

$$g'_{S1,S} = 0{,}983\, \mathfrak{g}'_{S1,S} + 0{,}001\, \mathfrak{g}'^{2}_{S1,S} - 0{,}011\, \mathfrak{g}'^{3}_{S1,S} \tag{10.9a}$$

$$g'_{S2,S} = 0{,}983 - 0{,}982\, \mathfrak{g}'_{S1,S} - 0{,}012\, \mathfrak{g}'^{2}_{S1,S} + 0{,}011\, \mathfrak{g}'^{3}_{S1,S} \tag{10.9b}$$

$$g'_{LO,S} = 0{,}017 - 0{,}001\, \mathfrak{g}'_{S1,S} + 0{,}011\, \mathfrak{g}'^{2}_{S1,S} \tag{10.9c}$$

wiedergeben kann. Für die Konzentrationsverhältnisse längs der L-Kurve ist es unter Berücksichtigung der in Abschnitt 9 beschriebenen Unsicherheiten in der Meßgenauigkeit wahrscheinlich, daß hier die Formeln

$$g'_{S1,L} = g'_{S1,OL} - \frac{g'_{S1,OL}}{g'_{S2,OL}} \cdot g'_{S2,L} \tag{10.10a}$$

$$g'_{LO,L} = 1 - g'_{S1,OL} - \left(1 - \frac{g'_{S1,OL}}{g'_{S2,OL}}\right) g'_{S2,L} \tag{10.10b}$$

$$\mathfrak{g}'_{S1,L} = \frac{g'_{S1,OL} - \dfrac{g'_{S1,OL}}{g'_{S2,OL}} \cdot g'_{S2,L}}{g'_{S1,OL} + \left(1 - \dfrac{g'_{S1,OL}}{g'_{S2,OL}}\right) g'_{S2,L}} \tag{10.10c}$$

gelten. Jedenfalls wurden sie zur Bestimmung der Konnodenendpunkte und der Selektivität β verwendet. Wie Diagramm 45 zeigt, kann man die theoretisch ermittelte Gleichgewichtskurve zugleich auch als diejenige Kurve ansprechen, die die größte Wahrscheinlichkeit hat, das tatsächliche Gleichgewichtsverhalten der beiden flüssigen Phasen richtig wiederzugeben. So wurde umgekehrt bei der Ermittlung der Spalten $\mathfrak{g}_{S1,L}$ in den Tabellen 18 und 19 diese graphische Darstellung zu Hilfe genommen und die Spalten $g_{k,L}$ durch Auflösung der Formel (10.10c) nach $g'_{S2,L}$ mittels der gefundenen Werte $\mathfrak{g}_{S1,L}$ errechnet. Wie die Auswertung der Ergebnisse der Phasengleichgewichtsmessungen dampfförmig-flüssig zeigt, stellt sich heraus, daß $\mathfrak{g}''_{S1,E} \approx \mathfrak{g}_{S1,S}$ ist. Damit erscheint gerechtfertigt, daß man auch kurzerhand $\mathfrak{g}'_{S1,E} \approx \mathfrak{g}'_{S1,S}$ setzen kann, ohne irgendwelche Umwege über die graphische Ermittlung von $\mathfrak{G}'_{S1,E}$ gehen zu müssen. In den Diagrammen 47 bis 50 sind die theoretisch vorausberechneten Gleichgewichts- und Siede-Kondensations-Kurven des heterogenen ternären Systems den durch Messung gefundenen Werten gegenübergestellt; letztere sind durch kleine Kreise kenntlich gemacht. Diagramm 51 bringt schließlich eine Gesamtübersicht über das isotherme ternäre System ($T = 317{,}6\,°$K), wobei insbesondere der Verlauf der S-, E- und L-Kurvenzweige hervorgehoben wird. Wie man an allen Diagrammen erkennt, ist die Übereinstimmung zwischen Theorie und Experiment unter Berücksichtigung der der Theorie zugrundegelegten Voraussetzungen sowie unter Beachtung der Ungenauigkeiten bei der Messung einigermaßen befriedigend. Jedenfalls liefert die in Teil I dargelegte Vorausberechnung bessere Näherungen an die Wirklichkeit als die sonst übliche Vorausberechnung, die wir als nullte Näherung bezeichnet haben.

11. Diskussion

Schon mehrfach wurde der Versuch unternommen, die Phasengleichgewichte dampfförmig-flüssig eines binären Systems mit teilweiser Mischbarkeit aus nur wenigen Daten zu berechnen. Ist die Mischungslücke derart groß, daß man von „praktisch unmischbaren Komponenten" sprechen kann, so reicht die Kenntnis der Dampfdruckkurven der reinen Komponenten in der Praxis oft aus, um insbesondere die Gleichgewichtsdaten für das Heteroazeotrop einigermaßen angenähert bestimmen zu können; dieses Verfahren ist in allen Lehrbüchern der physikalischen Chemie beschrieben und darf als bekannt vorausgesetzt werden; es wurde oben mit Recht als „Rechnung in nullter Näherung" bezeichnet. Ihm haftet der Mangel an, daß es physikalisch unreale Dinge mathematisch beschreibt, denn eine vollständige Unmischbarkeit zweier Flüssigkeiten ist ja thermodynamisch ausgeschlossen. Man kann daher bei einer Übertragung auf ein entsprechend zusammengesetztes Dreistoffsystem *S1/S2/LO* zu keinerlei Aussagen über das Phasengleichgewichtsverhalten flüssig-flüssig eines solchen Systems gelangen. Umgekehrt kann man natürlich, wenn man wenigstens den Temperaturgang der Löslichkeitsgrenzen und der azeotropen Zusammensetzung noch zusätzlich kennt, auch bei Vorliegen einer kleinen Mischungslücke unter Verwendung gewisser spezieller Lösungen der Gibbs-Duhemschen Differentialgleichungen zu recht brauchbaren Aussagen über die Aktivitätskoeffizienten und damit über das Phasengleichgewichtsverhalten eines solchen Systems kommen. Schwieriger ist es allerdings, wenn man sich nur auf die Kenntnis der Temperaturabhängigkeit des Dampfdrucks der reinen Komponenten und der Mischungslücke beschränken will oder muß, wie es auch in dieser Arbeit geschehen ist. Bekannt ist in der Literatur der Versuch, lediglich aus den Daten der Löslichkeitsgrenzen unter Verwendung der zweikonstantigen van Laar-Gleichungen die Aktivitätskoeffizienten zu ermitteln [12]. Solche Versuche liefern aber im allgemeinen nur rohe Werte, da ja vorausgesetzt wird, daß die van Laar-Gleichungen trotz der Existenz der Mischungslücke im Gesamtgebiet des Systems noch gültig bleiben, was wohl in der Regel nicht der Fall sein dürfte [13]. Sie auch auf Systeme mit sehr großer Mischungslücke anzuwenden, ist daher kaum lohnenswert, zumal die Formeln hinsichtlich ihrer Auswertbarkeit etwas kompliziert sind und eine Übertragung auf ternäre Systeme vom Typ *S1/S2/LO* zur Ermittlung des Verlaufs der Aktivitätskoeffizienten in den Mischbarkeitsbereichen nur mit großen Schwierigkeiten verbunden sein dürfte. Hier erscheint es günstiger, wie es auch bei Hala, Pick, Fried und Vilim vorgeschlagen wird [14], solche Systeme versuchsweise als stark nichtideal im Sinne des Abschnitts 3 anzusehen. Die in Abschnitt 4 dargestellte Theorie stellt einen m. W. erstmaligen Versuch dar, diese Methodik von binären Systemen auf entsprechend zusammengesetzte ternäre Systeme mit allen sich hieraus ergebenden Konsequenzen auszudehnen und ihre Aussagekraft erschöpfend zu untersuchen.

Allerdings muß man beachten, daß die Übertragung der Definition eines stark nichtidealen Systems, wie wir sie in Abschnitt 3 gegeben haben, auf die dort unter I zitierte Stoffklasse mit einer gewissen Vorsicht zu erfolgen hat. Sie ist darin begründet, daß die Definition ideale Löslichkeit innerhalb des Mischbarkeitsbereichs voraussetzt. Das ist aber im gewählten Beispiel Essigsäureester/Wasser anscheinend nicht der Fall, wie man daran erkennt, daß z. B. die experimentell ermittelten Daten für die Heteroazeotrope zwar durch die Theorie befriedigend angenähert werden, jedoch eine deutliche Tendenz zu höheren und im Mischbarkeitsbereich schwach veränderlichen Aktivitätskoeffizienten zeigen (vgl. Tabelle 11). So ist beispielsweise experimentell

$$\log f_{S1,OL} \equiv \log \frac{P_{ES1} \cdot x''_{S1,OE}}{P_{0S1} \cdot x'_{S1,OL}} = 2{,}467 \qquad (11.1\,\mathrm{a})$$

und

$$\log f_{S2,OL} \equiv \log \frac{P_{ES2} \cdot x''_{S2,OE}}{P_{0S2} \cdot x'_{S2,OL}} = 3{,}015 \qquad (11.1\,\mathrm{b})$$

statt 2,445 bzw. 3,000, vgl. Tabellen 5 und 7. Diese Abweichungen lassen sich auch nicht darauf zurückführen, daß auf eine Berücksichtigung der Realgaskorrektur bei allen Rechnungen und Auswertungen verzichtet wurde. Wir können das erkennen, wenn wir nachträglich eine Abschätzung der Realgaskorrektur vornehmen und zu diesem Zweck auf Gl. (1.16) zurückgehen. Wir schreiben dann

$$\log f_k \equiv \log \frac{P_k^*}{x'_k\, P_{0k}^*} = \log \frac{P_k}{x'_k\, P_{0k}} + \varepsilon_k\,. \qquad (11.2)$$

Der das reale Verhalten berücksichtigende Korrekturfaktor ε_k ist nun nach der Theorie [13] in erster Näherung darstellbar in der Form

$$\varepsilon_k = \frac{0{,}4343}{R\,T}\left[(B_k - V'_{0k}) \cdot (P - P_{0k})\right]. \qquad (11.3)$$

Dabei bedeuten B_k der zweite Virialkoeffizient der Komponente k im Gaszustand und V'_{0k} das Molvolumen von k im flüssigen Zustand. Die zweiten Virialkoeffizienten B_k können nach dem Ansatz von Redlich [15] gemäß

$$B_k = 0{,}0867 \cdot \frac{R\,T_{Kk}}{P_{Kk}} - 0{,}4278 \cdot \frac{R\,T_{Kk}^{2,5}}{P_{Kk} \cdot T^{1,5}} \qquad (11.4)$$

aus den kritischen Daten P_{Kk} und T_{Kk} berechnet werden. Unter Zuhilfenahme einschlägiger Literatur, z. B. [6], findet man

$$T_{KS1} = 549{,}4\ ^\circ\mathrm{K}\,; \quad T_{KS2} = 579{,}1\ ^\circ\mathrm{K}\,; \quad T_{KLO} = 647{,}4\ ^\circ\mathrm{K}\,;$$
$$P_{KS1} = 33{,}2\ \mathrm{Atm}\,; \quad P_{KS2} = 32{,}5\ \mathrm{Atm}\,; \quad P_{KLO} = 217{,}5\ \mathrm{Atm}\,,$$

so daß sich für $T = 317{,}6^\circ$ K ergibt

$$B_{S1} = -1205\,\frac{\mathrm{cm}^3}{\mathrm{Mol}}\,; \quad B_{S2} = -1414\,\frac{\mathrm{cm}^3}{\mathrm{Mol}}\,; \quad B_{LO} = -283\,\frac{\mathrm{cm}^3}{\mathrm{Mol}}$$

$$V'_{0S1} = 118{,}8\,\frac{\mathrm{cm}^3}{\mathrm{Mol}}\,; \quad V'_{0S2} = 135{,}7\,\frac{\mathrm{cm}^3}{\mathrm{Mol}}\,; \quad V'_{0LO} = 18{,}2\,\frac{\mathrm{cm}^3}{\mathrm{Mol}}$$

$$P_{E,Max} - P_{0S1} = 61{,}6\ \mathrm{Torr}\,; \quad P_{E,Max} - P_{0S2} = 117{,}7\ \mathrm{Torr}\,; \quad P_{E,Max} - P_{0LO} = 80{,}5\ \mathrm{Torr}\,.$$

Da die Erfahrung gezeigt hat, daß die so berechneten Virialkoeffizienten in der Regel zu klein ausfallen und im Mittel mit dem Faktor 1,5 noch multipliziert werden müssen [16], gelangt man bei Berücksichtigung dieses Umstands schließlich zu Korrekturfaktoren, die im ungünstigsten Fall

$$|\varepsilon_{S1}| = 0{,}003\,; \qquad |\varepsilon_{S2}| = 0{,}006\,; \qquad |\varepsilon_{LO}| = 0{,}001$$

betragen. Dieser Einfluß auf die Aktivitätskoeffizienten ist aber mit der verwendeten Meßmethodik nicht feststellbar. Bemerkenswert ist auch, daß die geringe Unstimmigkeit zwischen Theorie und experimentellem Ergebnis beim System n-Propylazetat/Wasser relativ größer ausfällt als beim System n-Butylazetat/Wasser. Das ist aber offensichtlich darauf zurückzuführen, daß hier die generelle Voraussetzung $x'_{Si,OL} \gtrsim 0$; $x'_{Si,OS} \lesssim 1$ weniger gut erfüllt ist. Nach Fromherz [17] soll man ja sogar nur dann ein System als stark nichtideal betrachten, wenn $x'_{Si,OL} < 0{,}1$ und $x'_{Si,OS} > 0{,}9$ bleibt, was für n-Propylazetat/Wasser bei $t = 44{,}4\,°\mathrm{C}$ bereits nicht mehr zutrifft. Daher kann es auch nicht verwundern, wenn für das ternäre System n-Propylazetat/n-Butylazetat/Wasser die experimentell gefundenen mittleren $x''_{LO,E}$-, P_E- und T_E-Kurven (von den durch die Meßunsicherheiten bedingten Streuungen, die naturgemäß an den Rändern stark anwachsen, muß man selbstverständlich absehen) nicht mit den so vorausberechneten Kurven zusammenfallen, sondern insbesondere an der propylazetatreichen Seite ein wenig in Richtung auf die nach nullter Näherung berechneten Kurven verschoben sind. Bemerkenswert ist ferner die Feststellung, daß die gemessene S-Kurve (gemeint ist wieder die mittlere Kurve durch die Meßpunkte der S-Phase) mit steigendem Gehalt an Propylazetat bis kurz vor Erreichen des Endpunktes $x'_{S1,OS}$ etwas von der theoretischen Kurve zugunsten eines geringeren Wassergehalts abweicht. Vermutlich wird hier sichtbar, daß auch die Übertragung der Definition eines idealen Systems, wie sie in Abschnitt 2 gegeben wurde, auf die dort unter I zitierte Stoffklasse nur mit einer gewissen Vorsicht zu erfolgen hat. Es war also immerhin ein gewisses Wagnis, das ternäre System mit den in Abschnitt 4 theoretisch hergeleiteten Methoden vorauszuberechnen. Unter diesem Gesichtspunkt erscheint es fast erstaunlich, daß sich die Konnoden und Gleichgewichtskurven dennoch mit sehr guter Näherung vorausberechnen lassen. Das ist besonders für die Destillationspraxis günstig, da sich die Gleichgewichtskurven für heterogene dreikomponentige flüssige Phasen in ihrer Darstellung mit relativen Molenbrüchen $\mathfrak{x}_{S1}$ bzw. relativen Gewichtsbrüchen $\mathfrak{g}_{S1}$ nach meinen Erfahrungen ausgezeichnet für die graphische Berechnung von Trennstufenzahlen nach McCabe-Thiele [18], [3] eignen. Aus all dem Vorgebrachten glaube ich jedoch den Schluß ziehen zu dürfen, daß für ein Stoffsystem, deren Komponenten die der Theorie zugrundegelegten Voraussetzungen besser als im vorgegebenen Fall erfüllen, auch eine noch bessere näherungsweise Vorausberechnung aller thermodynamischen Daten möglich sein wird.

Zur Frage der thermodynamischen Widerspruchsfreiheit kann gesagt werden, daß die theoretisch vorausberechneten Werte (Theorie für die erste Näherung) diese Bedingung in sich einschließen, da ihnen ja die Duhem-Margulesschen Differentialgleichungen (1.24) zugrunde gelegt wurden. Es überrascht daher nicht, wenn z. B. für die binären Systeme Si/LO die Redlich-Kister-Heringtonsche Integralbedingung [19] [20]

$$\int_0^1 \frac{\partial Q}{\partial x'_{Si}}\, dx'_{Si} = \int_0^1 \log \frac{f_{Si}}{f_{LO}}\, dx'_{Si} = 0\,, \tag{11.5}$$

angewendet auf die theoretisch ermittelten Funktionen, streng erfüllt ist, wie von mir an anderer Stelle [1] bewiesen wurde.

Ergänzend möchte ich noch erwähnen, daß ich vor Beginn aller Messungen mich durch orientierende Vorversuche von der Nichtexistenz solutroper und azeotroper Punkte im ternären System, wie sie durch die Abschätzungen (4.41b) und (4.58b) vorausgesagt werden, überzeugt hatte. So konnte ich durch Ausschüttelversuche an Einsätzen mit jeweils verschiedenem relativen Gewichtsbruch $\mathfrak{g}'_{S1}$ beweisen, daß tatsächlich durch laufende diskontinuierliche Wasserzugabe und Entzug der wäßrigen Phase nach einer gewissen Folge von Extraktionsstufen in jedem Falle eine eindeutige Anreicherung von n-Butylazetat in der Esterphase erfolgt, im Einklang mit der Theorie und den späteren Messungen. Diese Versuche widerlegen zugleich geäußerte Annahmen bei ähnlichen Systemen [21], wonach die Konnoden in ihrer Verlängerung durch *LO* gehen müßten. Durch analoge Destillationsversuche unter Verwendung 1 m langer Füllkörperkolonnen konnte ich gleichfalls zeigen, daß in der Tat unabhängig vom Sumpfeinsatz eine Anreicherung von n-Propylazetat im Kopfprodukt erfolgt. Die Beweisführung vollzog sich in beiden Fällen auf refraktometrischem Wege.

12. Literaturübersicht

[1] Schuberth, H., J. prakt. Chem. **6**, 266 (1958).
[2] Kortüm, G., H. J. Freier u. F. Woerner, Chem. Ing. Techn. **25**, 125 (1953).
[3] Krell, E., Handbuch der Laboratoriumsdestillation. Berlin 1958.
[4] Smith, A. u. A. W. C. Menzies, Z. phys. Chem. **75**, 501 (1911).
[5] Eucken, A. u. R. Suhrmann, Phys.-chem. Praktikumsaufgaben. Leipzig 1948.
[6] D'Ans, J. u. E. Lax, Taschenbuch f. Chemiker u. Physiker. Berlin, Göttingen, Heidelberg 1949.
[7] Schuberth, H. u. E. Leibnitz, J. prakt. Chem. **6**, 31 (1958).
[8] Röthlin, S., Crützen, J. L. u. G. R. Schultze, Chem. Ing. Techn. **29**, 211 (1957).
[9] Schultze, W., Z. phys. Chem. N. F. **13**, 12 (1957).
[10] Doolittle, A. K., The technol. of solv. and plast., New York, London 1954.
[11] Smith, Th. E. u. R. F. Bonner, Ind. Eng. Chem. **42**, 896 (1950).
[12] Kharbanda, O. P., Chem. Proc. Eng. **36**, 245 (1955).
[13] Kortüm, G. u. H. Buchholz-Meisenheimer, Theorie der Dest. u. Extr. von Flüss. Berlin/Göttingen/Heidelberg 1952.
[14] Hala, E., Pick, J., Fried, V. u. O. Vilim, Vapour-liquid Equilibrium. London, New York, Paris, Los Angeles 1958.
[15] Redlich, O. u. J. N. S. Kwong, Chem. Rev. **44**, 253 (1949).
[16] Schneider, G. u. G. Wilhelm, Z. phys. Chem. N. F. **20**, 219 (1959).
[17] Fromherz, H., Phys.-chem. Rechnen in Wiss. u. Techn. Weinheim 1956.
[18] McCabe, W. L. u. E. W. Thiele, Ind. Eng. Chem. **17**, 605 (1925).
[19] Redlich, O. u. A. T. Kister, Ind. Eng. Chem. **40**, 345 (1948).
[20] Herington, E. F. G., Nature **161**, 610 (1947).
[21] Pick, J., Fried, V., Hala, E. u. O. Vilim, Coll. Czech. Chem. Comm. **21**, 49 (1956).

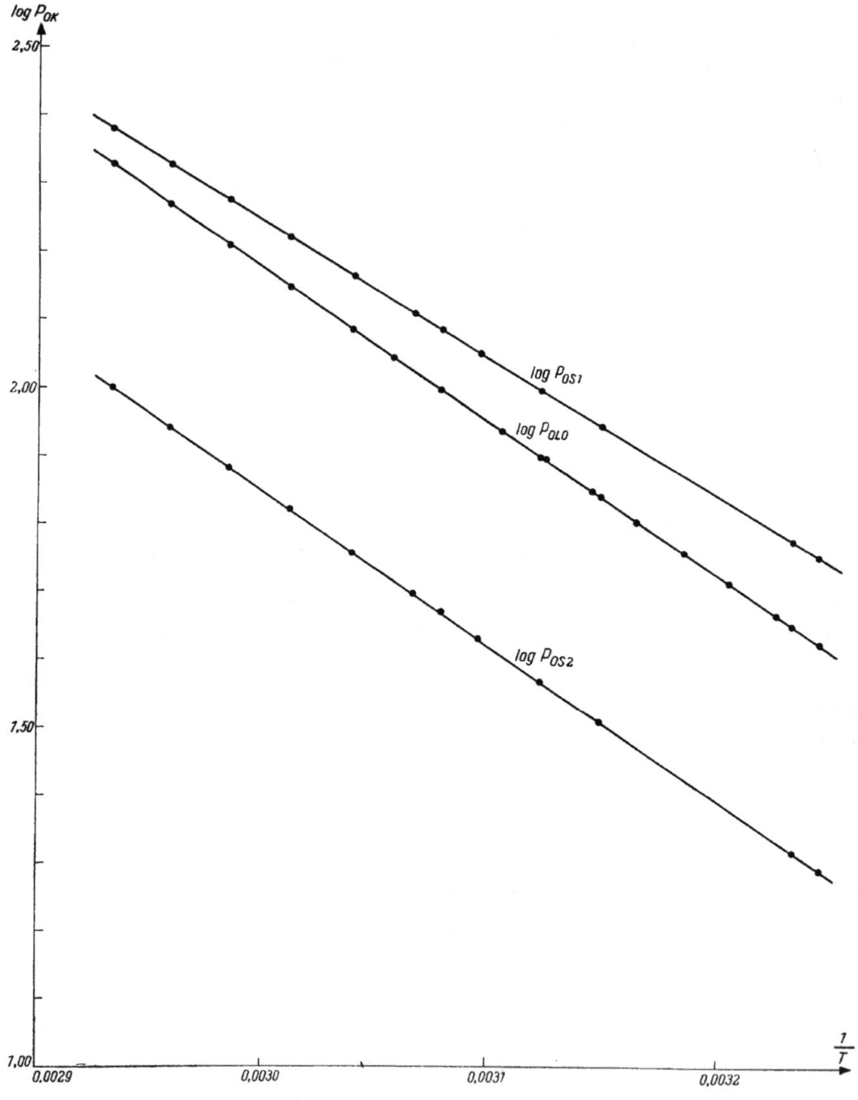

Abb. 15. Dampfdruckkurven der reinen Komponenten

$S1 = CH_3COOC_3H_7$

$S2 = CH_3COOC_4H_9$

$LO = H_2O$

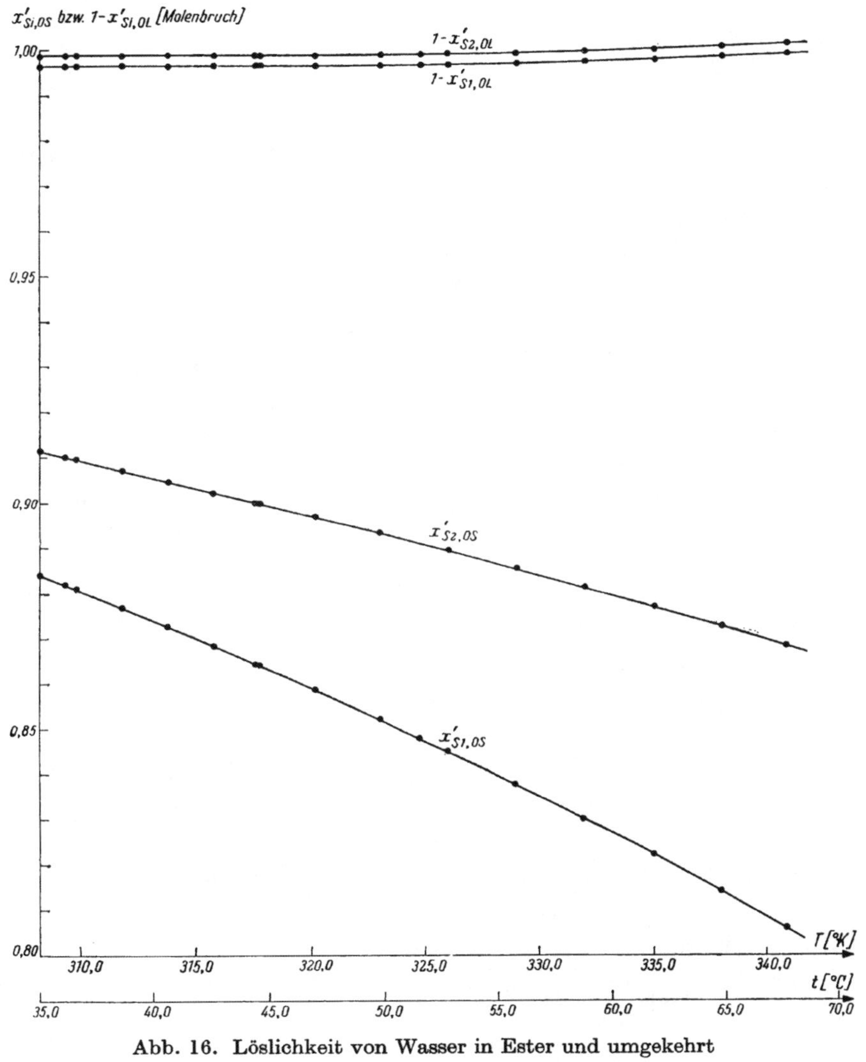

Abb. 16. Löslichkeit von Wasser in Ester und umgekehrt

$S1 = CH_3COOC_3H_7$ OL = wäßrige Phase

$S2 = CH_3COOC_4H_9$ OS = Esterphase

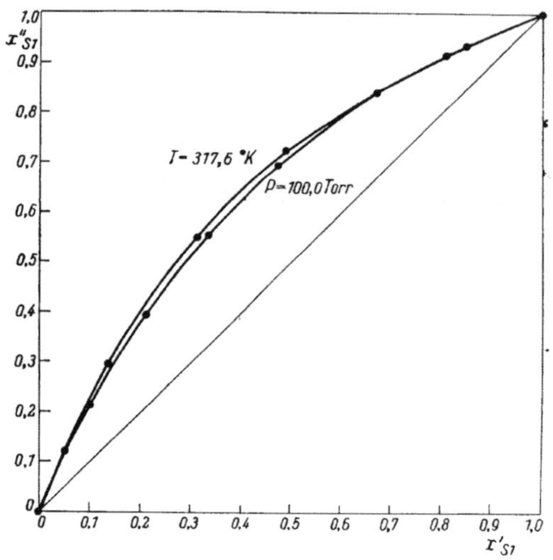

Abb. 17. Isothermes und isobares Phasengleichgewicht dampfförmig-flüssig des Systems n-$CH_3COOC_3H_7$/n-$CH_3COOC_4H_9$; vorausberechnete Gleichgewichtskurven für $T = 317{,}6°$ K und $P = 100{,}0$ Torr

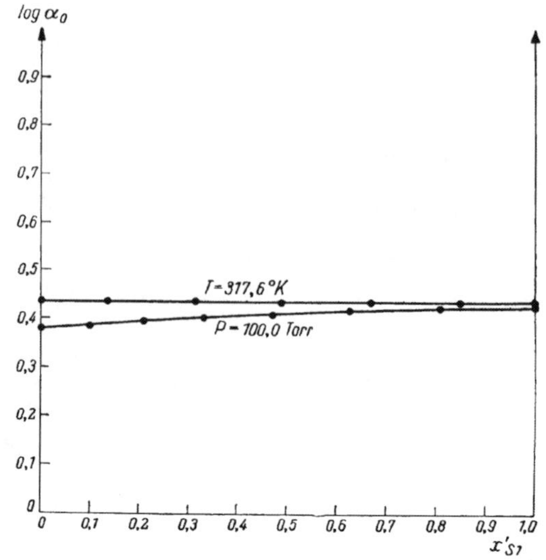

Abb. 18. Isothermes und isobares Phasengleichgewicht dampfförmig-flüssig des Systems n-$CH_3COOC_3H_7$/n-$CH_3COOC_4H_9$; vorausberechnete relative Flüchtigkeiten für $T = 317{,}6°$ K und $P = 100{,}0$ Torr

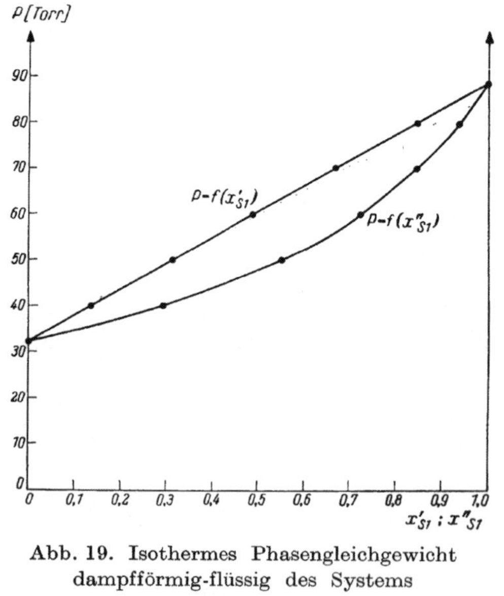

Abb. 19. Isothermes Phasengleichgewicht dampfförmig-flüssig des Systems n-$CH_3COOC_3H_7$/n-$CH_3COOC_4H_9$ vorausberechnete Siede- und Kondensationskurve für $T = 317{,}6$ °K

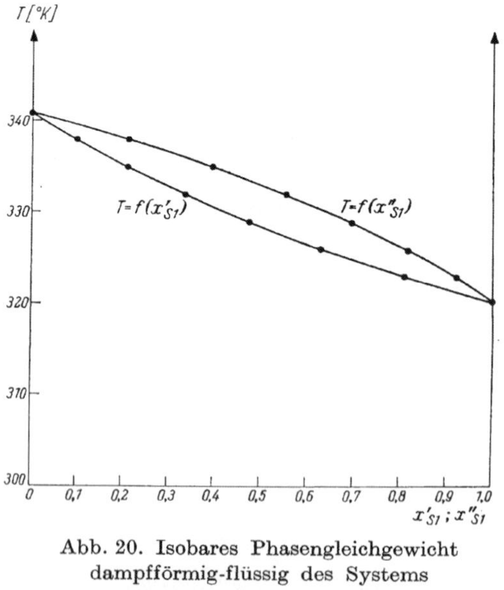

Abb. 20. Isobares Phasengleichgewicht dampfförmig-flüssig des Systems n-$CH_3COOC_3H_7$/n-$CH_3COOC_4H_9$ vorausberechnete Siede- und Kondensationskurve für $P = 100{,}0$ Torr

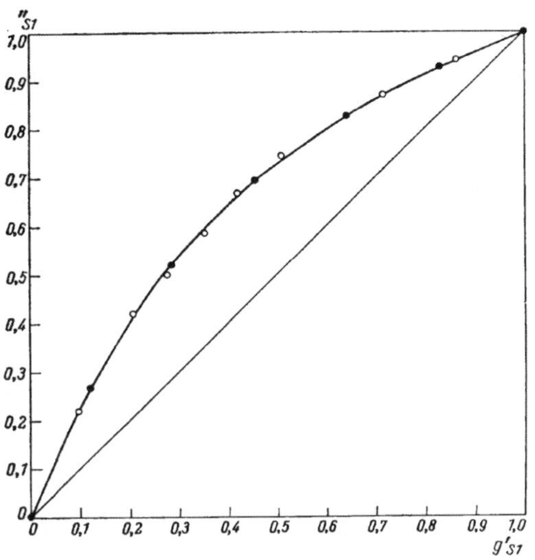

Abb. 21. Isothermes Phasengleichgewicht dampfförmig-flüssig des Systems n-$CH_3COOC_3H_7$/n-$CH_3COOC_4H_9$; Gleichgewichtskurve für $T = 317{,}6$ °K; ausgezogene Kurve: gezeichnet nach vorausberechneten Werten (●); Kreise: experimentelle Meßwerte (○)

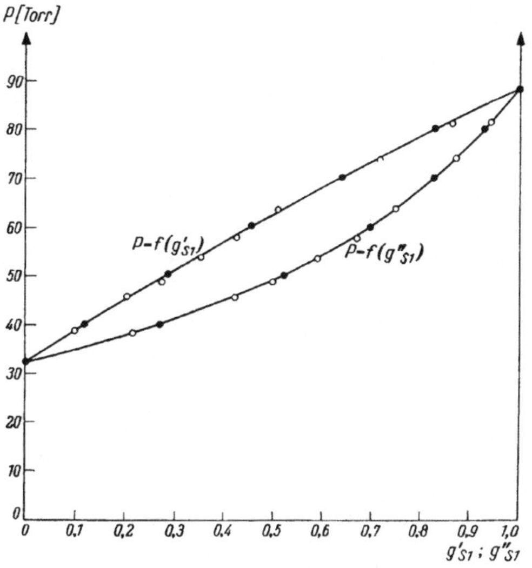

Abb. 22. Isothermes Phasengleichgewicht dampfförmig-flüssig des Systems n-$CH_3COOC_3H_7$/n-$CH_3COOC_4H_9$; Siede- und Kondensationskurve für $T = 317{,}6$ °K; ausgezogene Kurven: gezeichnet nach vorausberechneten Werten (●); Kreise: experimentelle Meßwerte (○)

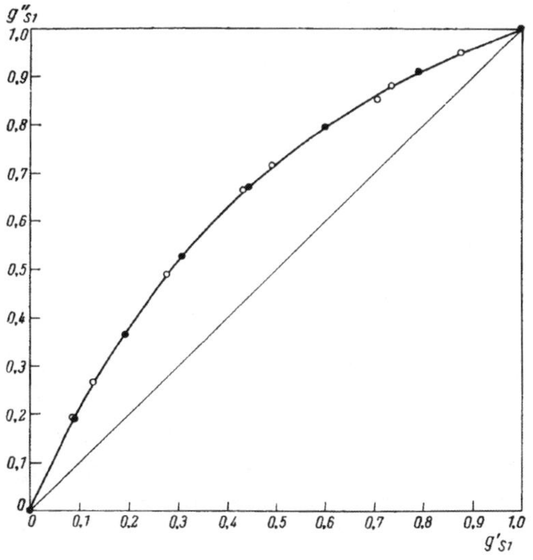

Abb. 23. Isobares Phasengleichgewicht dampfförmig-flüssig des Systems n-$CH_3COOC_3H_7$/n-$CH_3COOC_4H_9$; Gleichgewichtskurve für $P = 100{,}0$ Torr; ausgezogene Kurve: gezeichnet nach vorausberechneten Werten (●); Kreise: experimentelle Meßwerte (○)

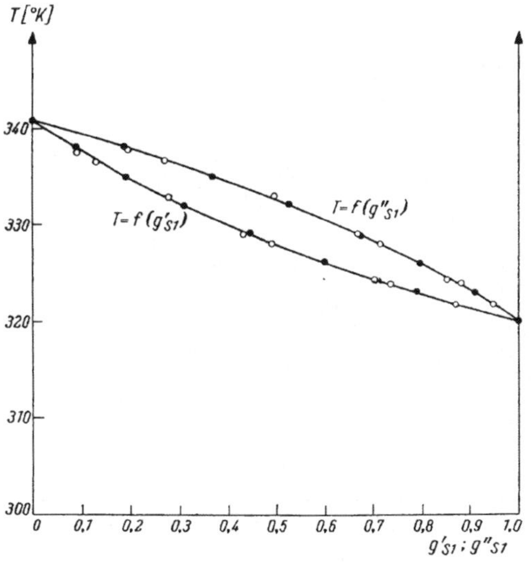

Abb. 24. Isobares Phasengleichgewicht dampfförmig-flüssig des Systems n-$CH_3COOC_3H_7$/n-$CH_3COOC_4H_9$; Siede- und Kondensationskurve für $P = 100{,}0$ Torr; ausgezogene Kurven: gezeichnet nach vorausberechneten Werten (●); Kreise: experimentelle Meßwerte (○)

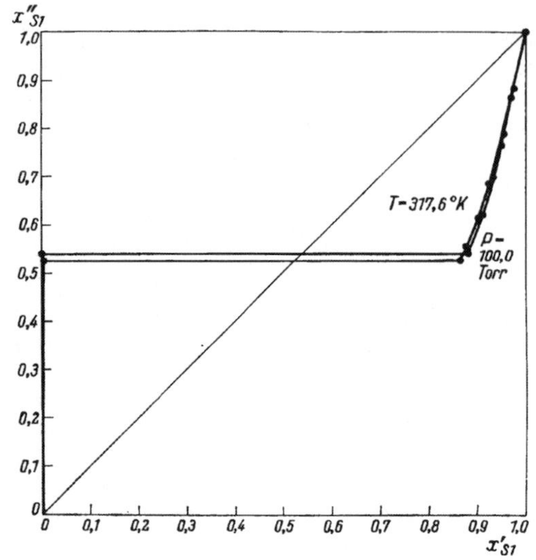

Abb. 25. Isothermes und isobares Phasengleichgewicht dampfförmig-flüssig des Systems n-$CH_3COOC_3H_7/H_2O$; vorausberechnete Gleichgewichtskurven für $T = 317{,}6$ °K und $P = 100{,}0$ Torr

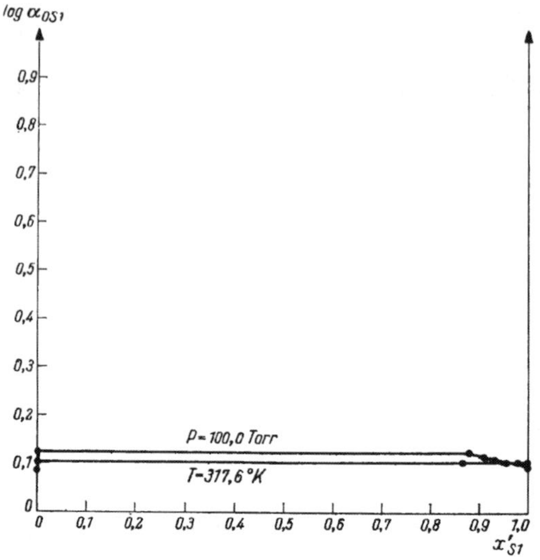

Abb. 26. Isothermes und isobares Phasengleichgewicht dampfförmig-flüssig des Systems n-$CH_3COOC_3H_7/H_2O$; vorausberechnete relative Flüchtigkeiten für $T = 317{,}6$ °K und $P = 100{,}0$ Torr

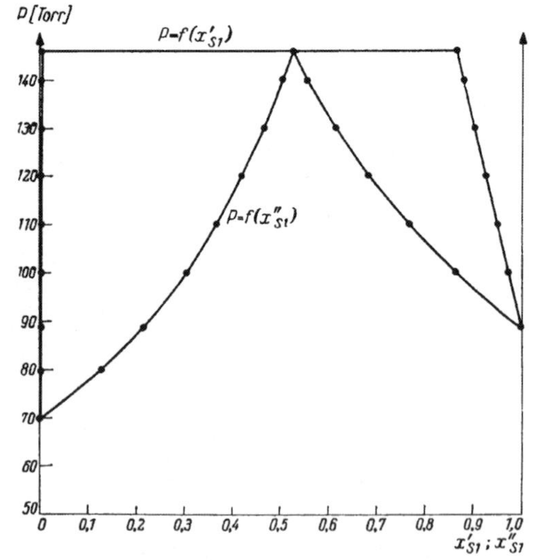

Abb. 27. Isothermes Phasengleichgewicht dampfförmig-flüssig des Systems n-$CH_3COOC_3H_7/H_2O$; vorausberechnete Siede- und Kondensationskurve für $T = 317{,}6$ °K

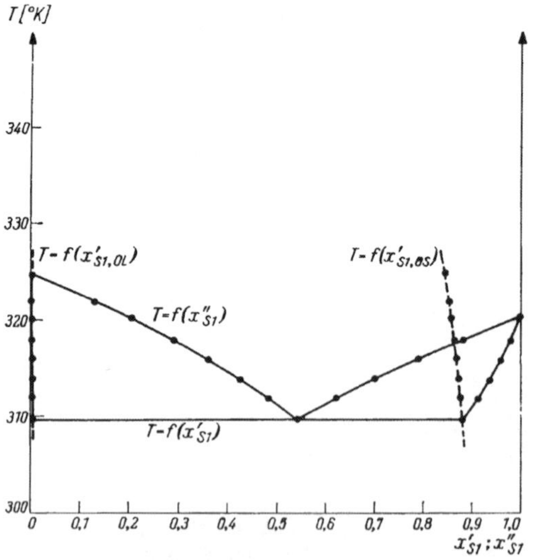

Abb. 28. Isobares Phasengleichgewicht dampfförmig-flüssig des Systems n-$CH_3COOC_3H_7/H_2O$; vorausberechnete Siede- und Kondensationskurve für $P = 100{,}0$ Torr

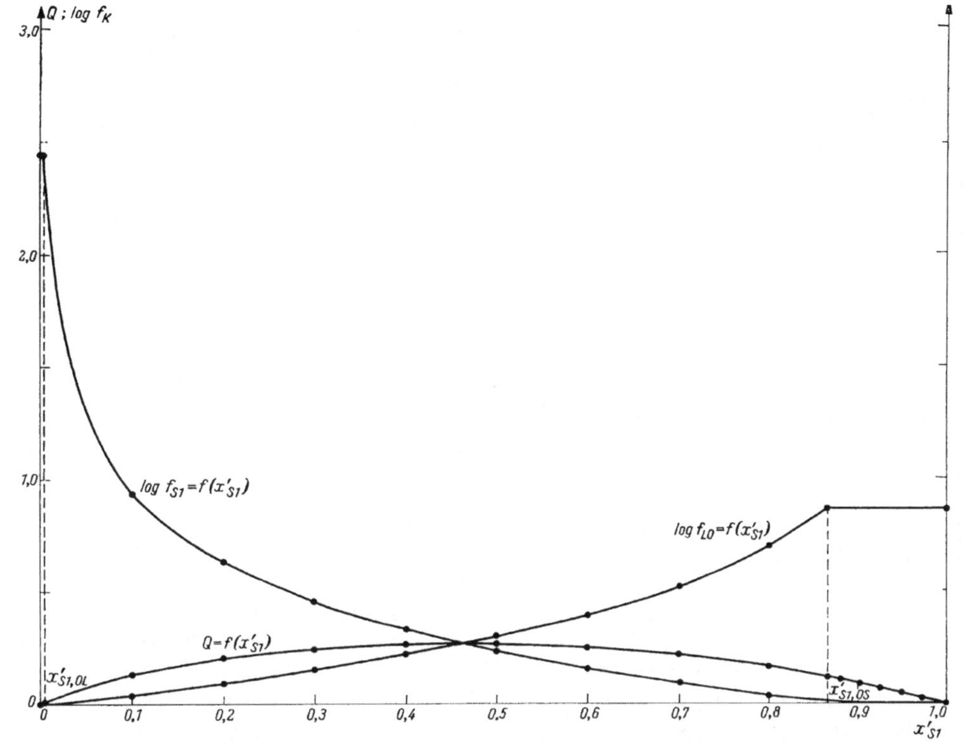

Abb. 29. Isothermes Phasengleichgewicht dampfförmig-flüssig des Systems n-$CH_3COOC_3H_7/H_2O$; vorausberechnete Aktivitätskoeffizienten für T = 317,6 °K

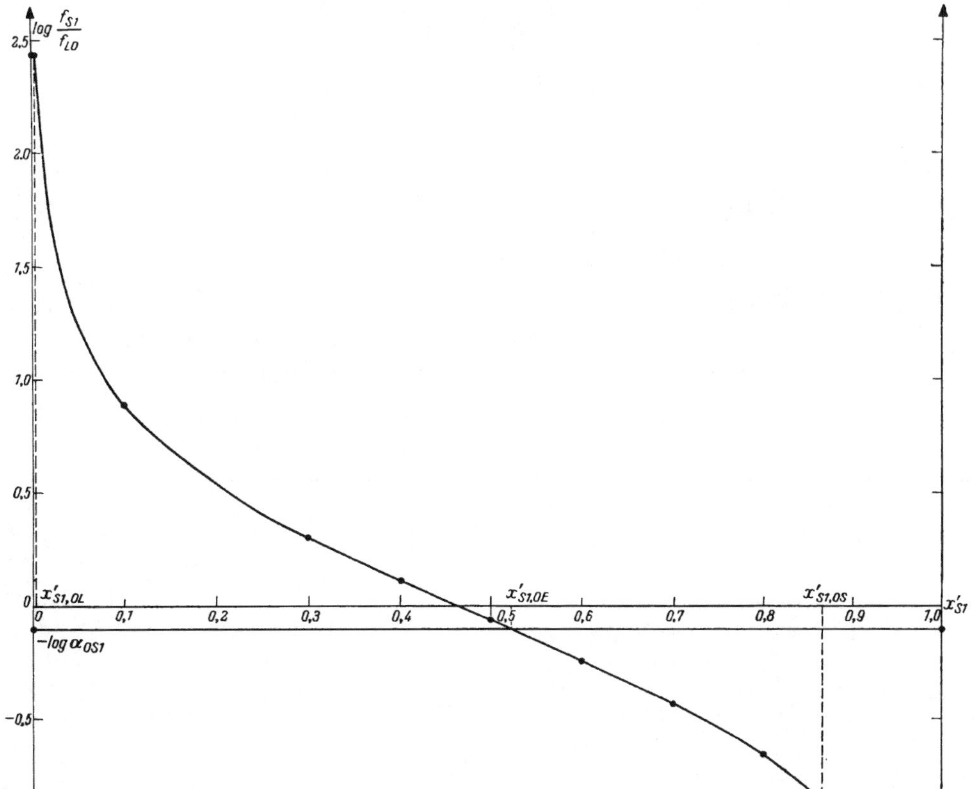

Abb. 30. Isothermes Phasengleichgewicht dampfförmig-flüssig des Systems n-$CH_3COOC_3H_7/H_2O$; vorausberechnetes Verhältnis der Aktivitätskoeffizienten für T = 317,6 °K

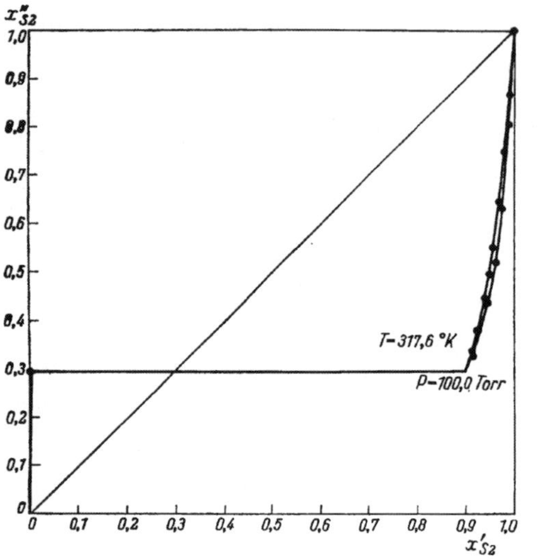

Abb. 31. Isothermes und isobares Phasengleichgewicht dampfförmig-flüssig des Systems n-$CH_3COOC_4H_9/H_2O$; vorausberechnete Gleichgewichtskurven für $T = 317{,}6$ °K und $P = 100{,}0$ Torr

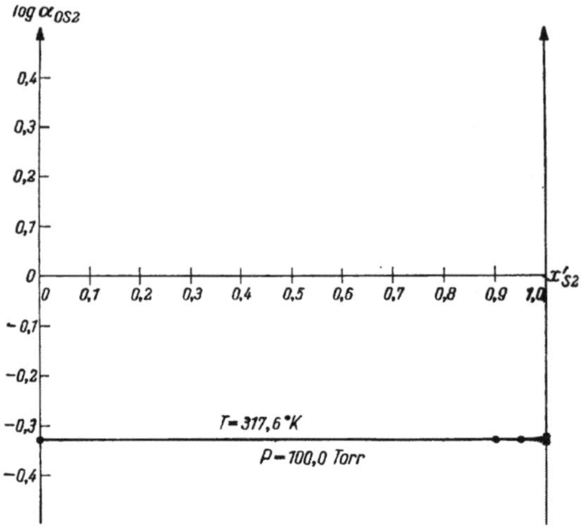

Abb. 32. Isothermes und isobares Phasengleichgewicht dampfförmig-flüssig des Systems n-$CH_3COOC_4H_9/H_2O$; vorausberechnete relative Flüchtigkeiten für $T = 317{,}6$ °K und $P = 100{,}0$ Torr

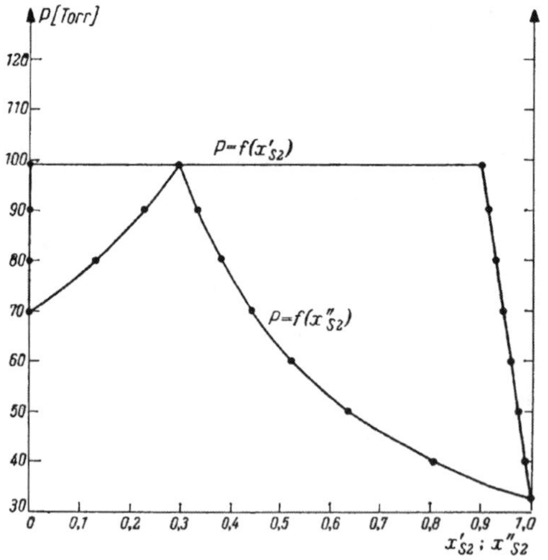

Abb. 33. Isothermes Phasengleichgewicht dampfförmig-flüssig des Systems n-$CH_3COOC_4H_9/H_2O$; vorausberechnete Siede- und Kondensationskurve für $T = 317{,}6$ °K

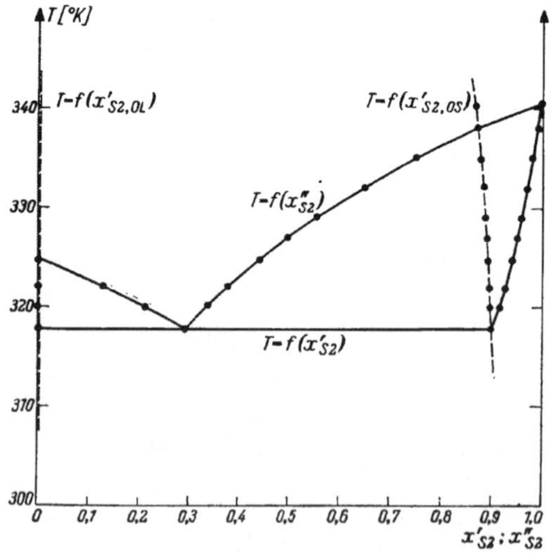

Abb. 34. Isobares Phasengleichgewicht dampfförmig-flüssig des Systems n-$CH_3COOC_4H_9/H_2O$; vorausberechnete Siede- und Konzentrationskurve für $P = 100{,}0$ Torr

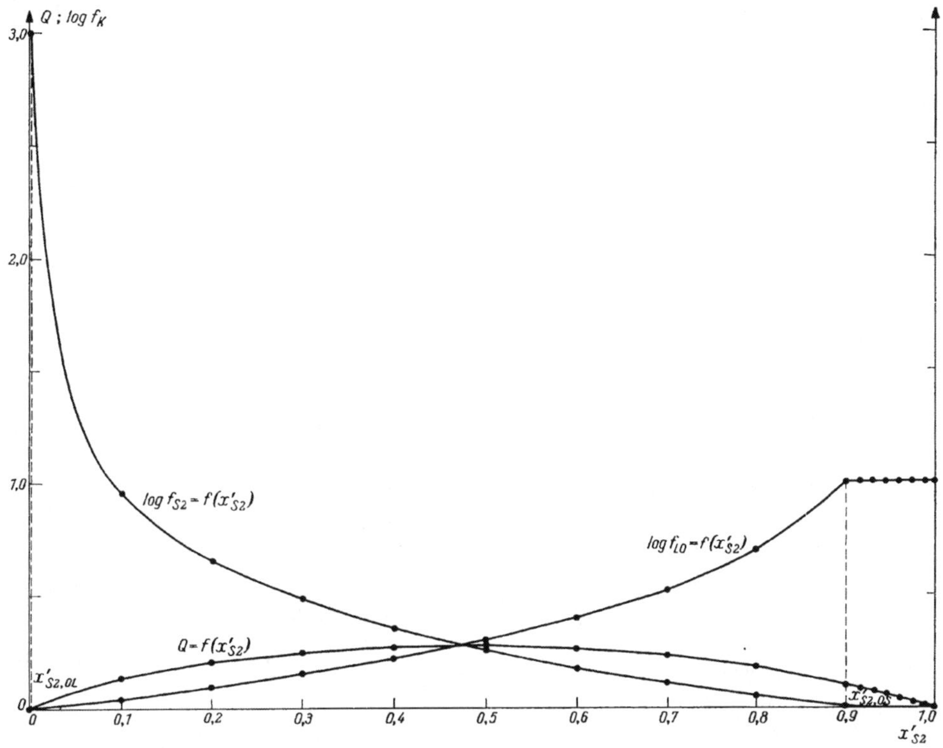

Abb. 35. Isothermes Phasengleichgewicht dampfförmig-flüssig des Systems n-$CH_3COOC_4H_9/H_2O$; vorausberechnete Aktivitätskoeffizienten für $T = 317{,}6$ °K

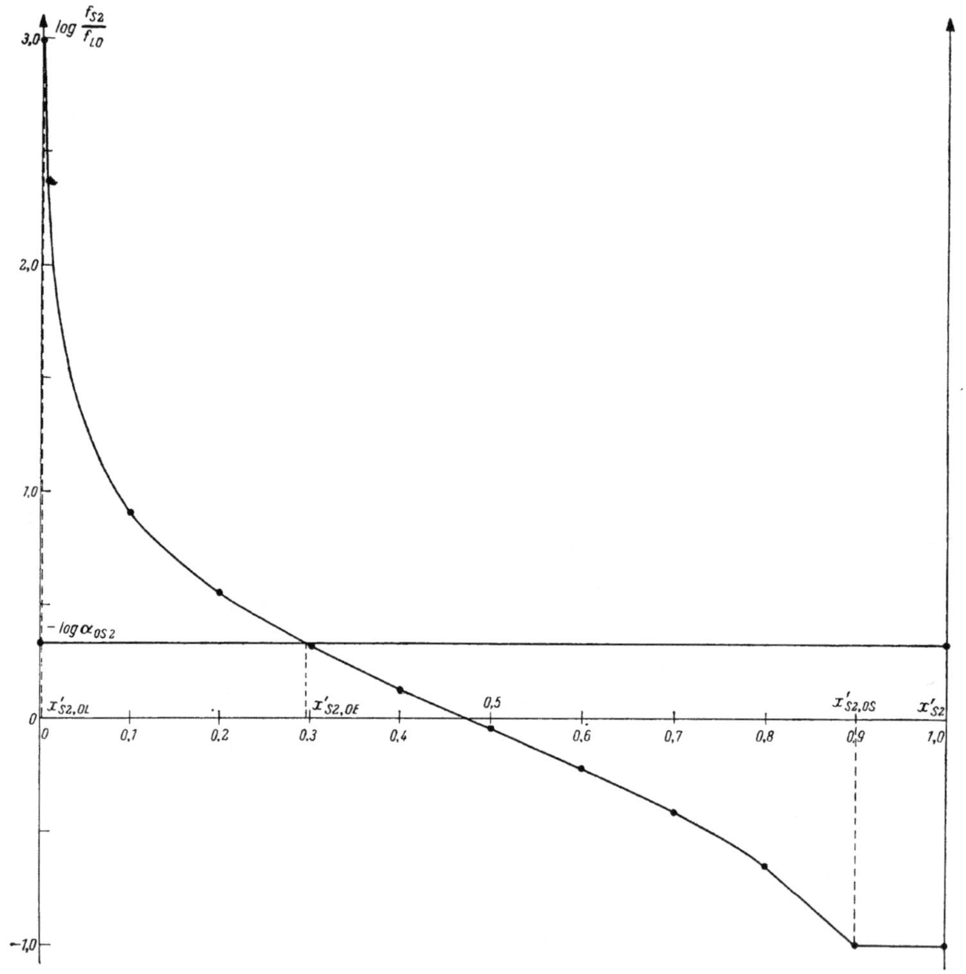

Abb. 36. Isothermes Phasengleichgewicht dampfförmig-flüssig des Systems n-$CH_3COOC_4H_9/H_2O$; vorausberechnetes Verhältnis der Aktivitätskoeffizienten für $T = 317{,}6$ °K

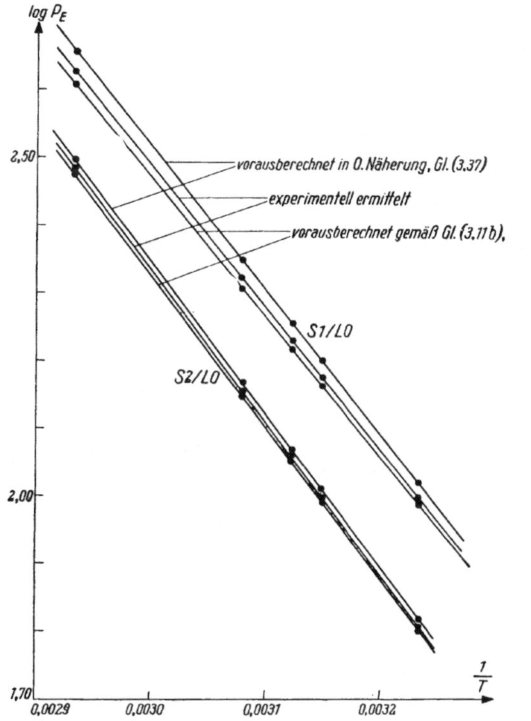

Abb. 37. Dampfdruckkurven der Heteroazeotrope der Systeme $n\text{-}CH_3COOC_3H_7/H_2O$ und $n\text{-}CH_3COOC_4H_9/H_2O$

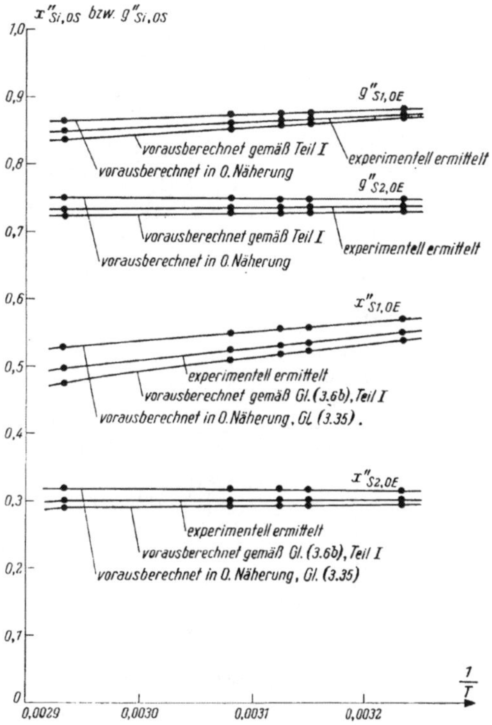

Abb. 38. Temperaturabhängigkeit der heteroazeotropen Zusammensetzung der Systeme $n\text{-}CH_3COOC_3\text{-}H_7/H_2O$ und $n\text{-}CH_3COOC_4H_9/H_2O$

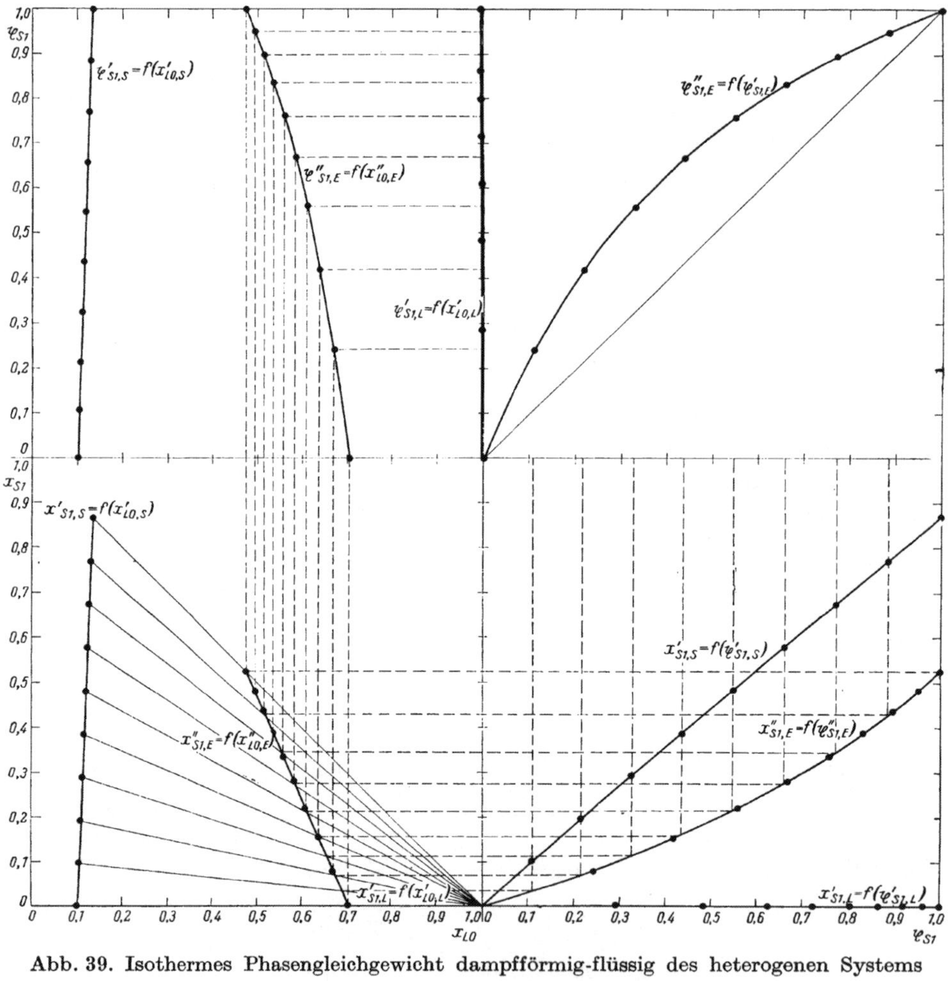

Abb. 39. Isothermes Phasengleichgewicht dampfförmig-flüssig des heterogenen Systems $n\text{-}CH_3COOC_3H_7/n\text{-}CH_3COOC_4H_9/H_2O$; vorausberechnete Konzentrationskurven und graphisch ermittelte Gleichgewichtskurve für $T = 317{,}6°K$

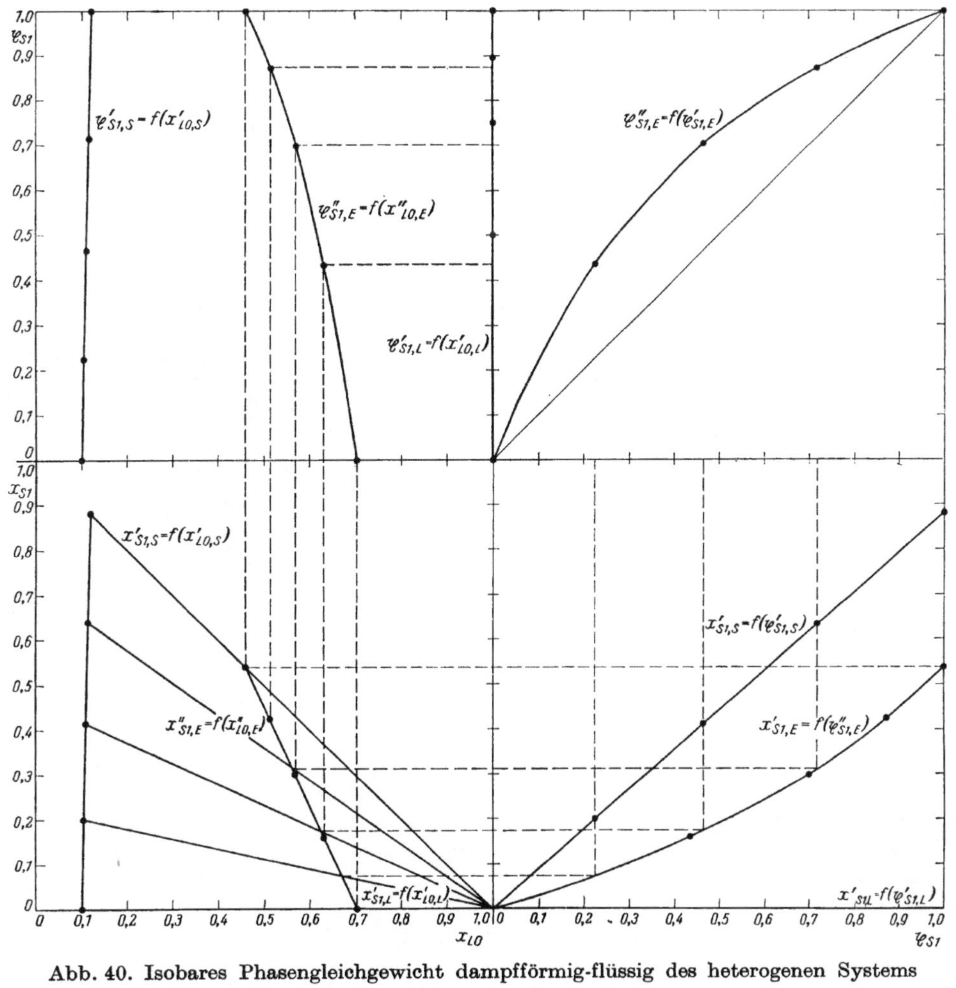

Abb. 40. Isobares Phasengleichgewicht dampfförmig-flüssig des heterogenen Systems $n\text{-}CH_3COOC_3H_7/n\text{-}CH_3COOC_4H_9/H_2O$;
vorausberechnete Konzentrationskurven und graphisch ermittelte Gleichgewichtskurve für $P = 100{,}0$ Torr

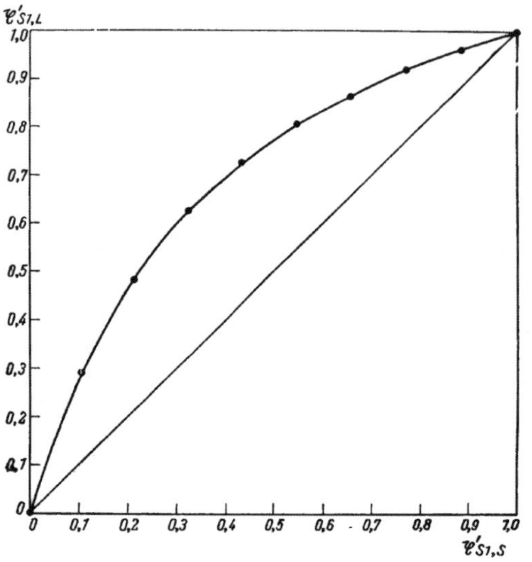

Abb. 41. Isothermes Phasengleichgewicht flüssig-flüssig des heterogenen Systems n-$CH_3COOC_3H_7$/n-$CH_3COOC_4H_9$/H_2O; vorausberechnete Gleichgewichtskurve für $T = 317{,}6$ °K

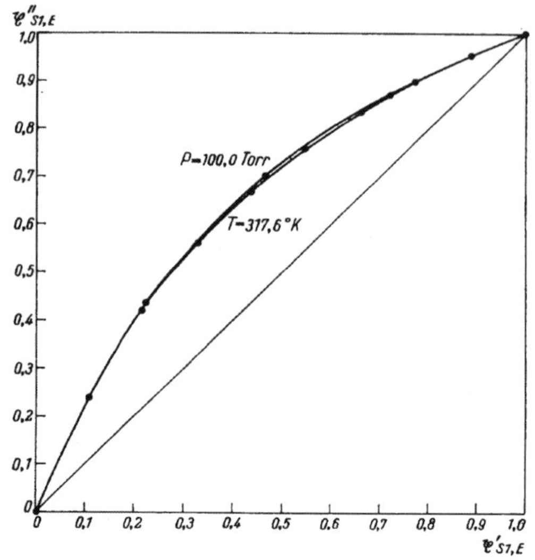

Abb. 42. Isothermes und isobares Phasengleichgewicht dampfförmig-flüssig des heterogenen Systems n-$CH_3COOC_3H_7$/n-$CH_3COOC_4H_9$/H_2O; vorausberechnete Gleichgewichtskurven für $T = 317{,}6$ °K und $P = 100{,}0$ Torr (graphisch ermittelt)

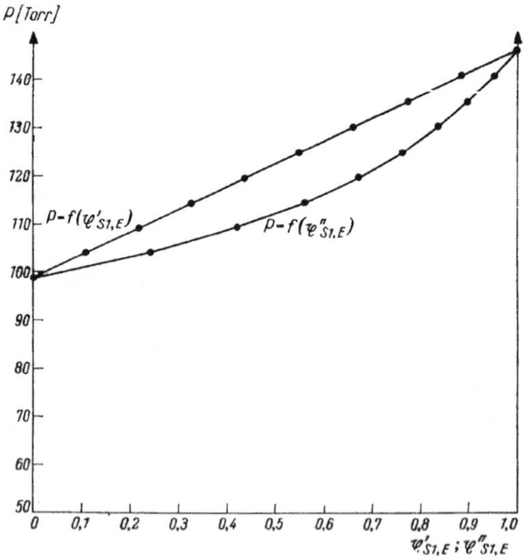

Abb. 43. Isothermes Phasengleichgewicht dampfförmig-flüssig des heterogenen Systems n-$CH_3COOC_3H_7$/n-$CH_3COOC_4H_9$/H_2O; vorausberechnete Siede- und Kondensationskurve für $T = 317{,}6$ °K

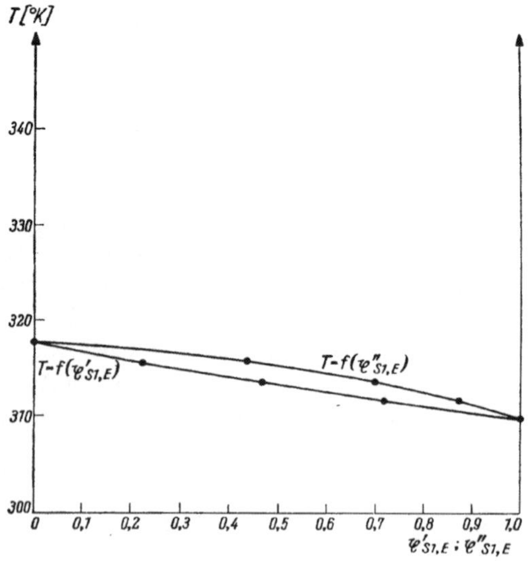

Abb. 44. Isobares Phasengleichgewicht dampfförmig-flüssig des heterogenen Systems n-$CH_3COOC_3H_7$/n-$CH_3COOC_4H_9$/H_2O; vorausberechnete Siede- und Kondensationskurve für $P = 100{,}0$ Torr

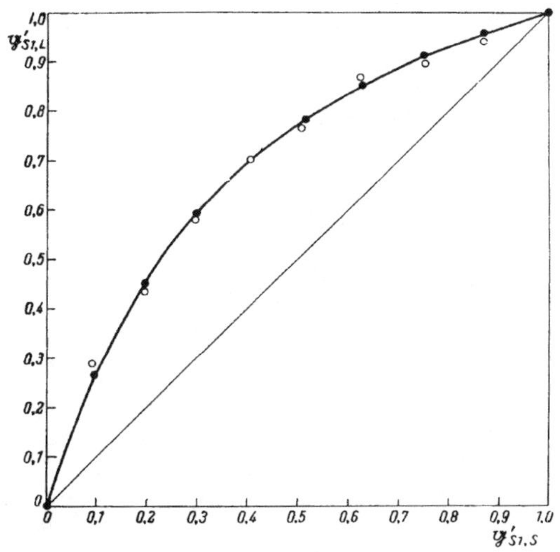

Abb. 45. Isothermes Phasengleichgewicht flüssig-flüssig des Systems $n\text{-}CH_3COOC_3H_7/n\text{-}CH_3COOC_4H_9/H_2O$; Gleichgewichtskurve für $T = 317{,}6$ °K ausgezogene Kurve: nach vorausberechneten Werten

Kreise: experimentelle Werte

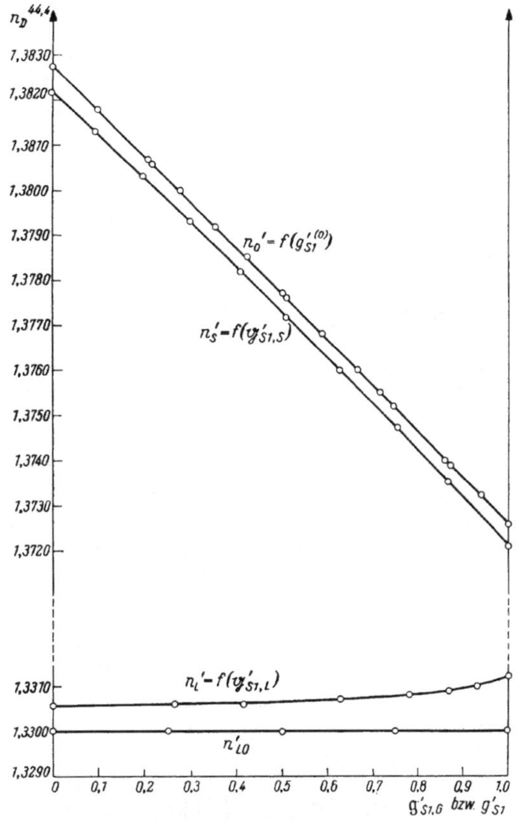

Abb. 46. Gang des Brechungsindex längs der Mischbarkeitsgrenzen des Systems $n\text{-}CH_3COOC_3H_7/n\text{-}CH_3COOC_4H_9/H_2O$ für $T = 317{,}6$ °K

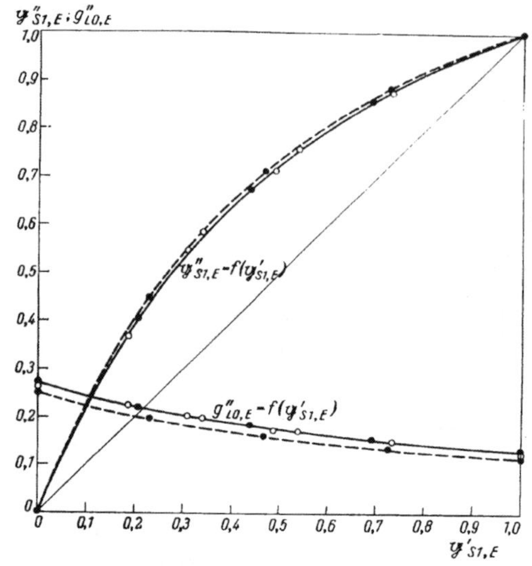

Abb. 47. Isothermes Phasengleichgewicht dampfförmig-flüssig des heterogenen Systems n-$CH_3COOC_3H_7$/n-$CH_3COOC_4H_9$/H_2O; Gleichgewichtskurve für $T = 317{,}6$ °K ausgezogene Kurve: gezeichnet nach vorausberechneten Werten gemäß Teil I gestrichelte Kurve: gezeichnet nach in 0. Näherung vorausberechneten Werten Kreise: experimentelle Meßwerte

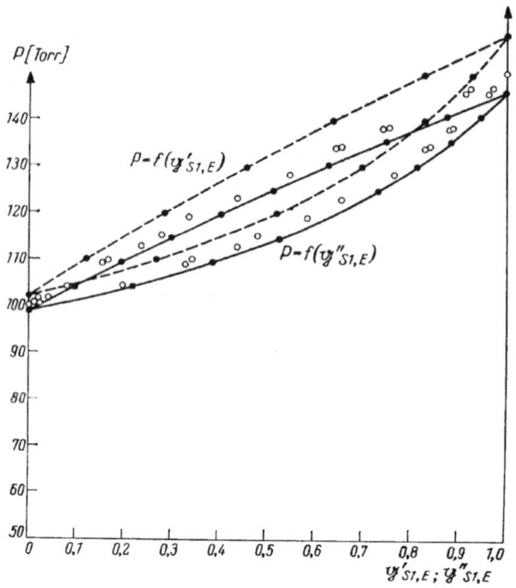

Abb. 48. Isothermes Phasengleichgewicht dampfförmig-flüssig des heterogenen Systems n-$CH_3COOC_3H_7$/n-$CH_3COOC_4H_9$/H_2O; Siede- und Kondensationskurve für $T = 317{,}6$ °K ausgezogene Kurven: gezeichnet nach vorausberechneten Werten gemäß Teil I gestrichelte Kurven: gezeichnet nach in 0. Näherung vorausberechneten Werten Kreise: experimentelle Meßwerte

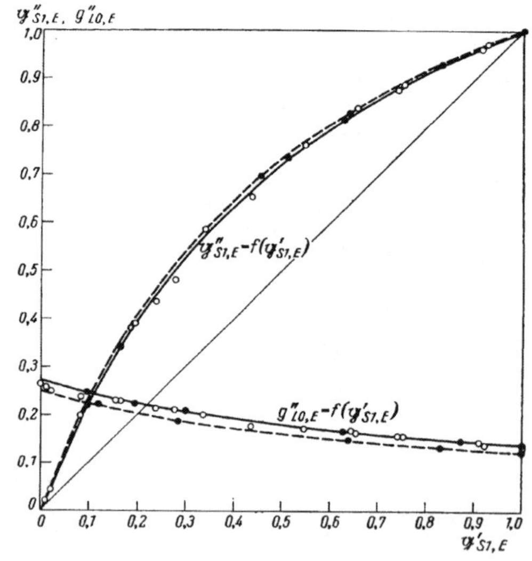

Abb. 49. Isobares Phasengleichgewicht dampfförmig-flüssig des heterogenen Systems n-$CH_3COOC_3H_7$/n-$CH_3COOC_4H_9$/H_2O; Gleichgewichtskurve für $P = 100{,}0$ Torr ausgezogene Kurve: gezeichnet nach vorausberechneten Werten gemäß Teil I gestrichelte Kurve: gezeichnet nach in 0. Näherung vorausberechneten Werten Kreise: experimentelle Meßwerte

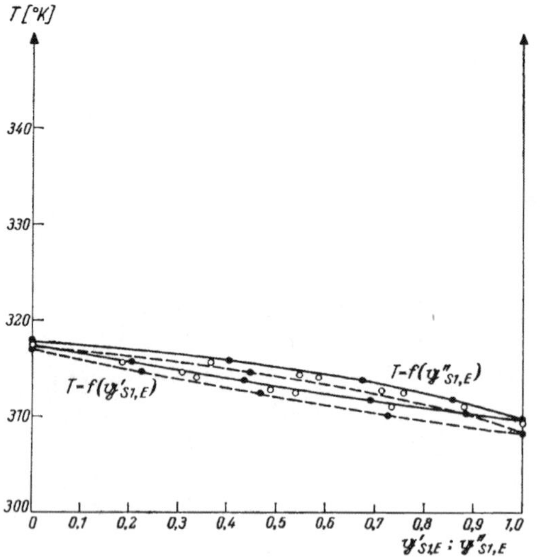

Abb. 50. Isobares Phasengleichgewicht dampfförmig-flüssig des heterogenen Systems n-$CH_3COOC_3H_7$/n-$CH_3COOC_4H_9$/H_2O; Siede- und Kondensationskurve für $P = 100{,}0$ Torr ausgezogene Kurven: gezeichnet nach vorausberechneten Werten gemäß Teil I gestrichelte Kurven: gezeichnet nach in 0. Näherung vorausberechneten Werten Kreise: experimentelle Meßwerte

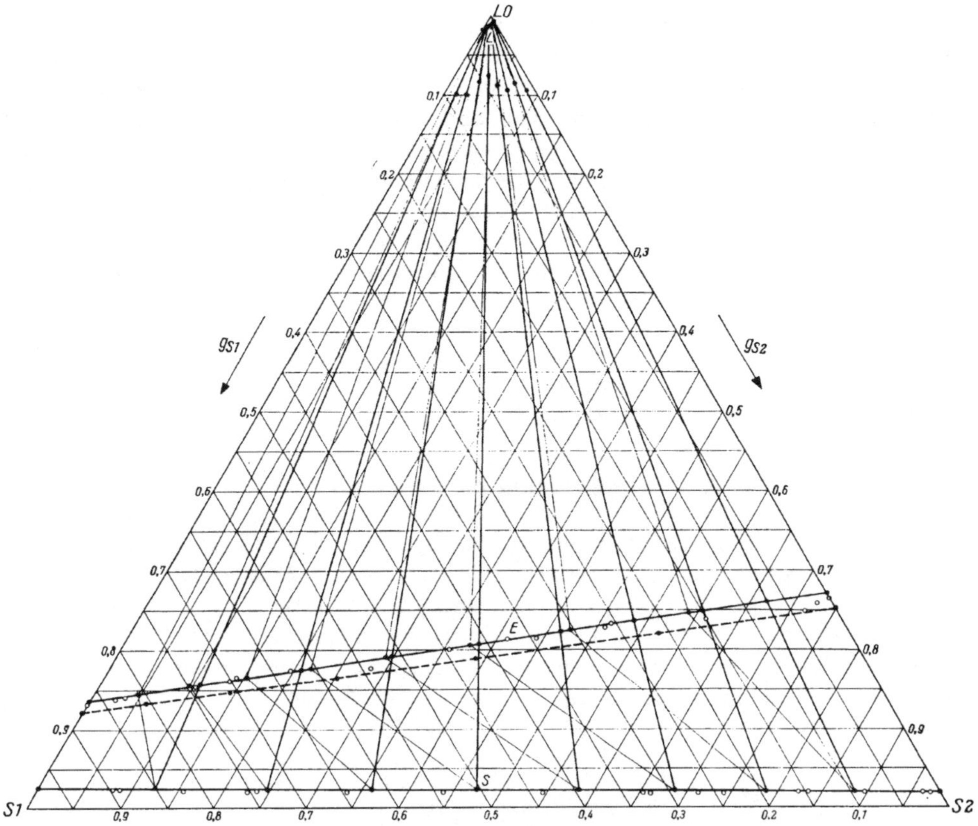

Abb. 51. Isothermes Phasengleichgewicht flüssig-flüssig und dampfförmig-flüssig des heterogenen Systems

n-$CH_3COOC_3H_7/CH_3COOC_4H_9/H_2O$;

Darstellung des Verlaufs der *S*-, *L*- und *E*-Kurven im GIBBSschen Dreieckskoordinatensystem für $T = 317{,}6$ °K

ausgezogene Kurven: gezeichnet nach vorausberechneten Werten gemäß Teil I

gestrichelte Kurve: gezeichnet nach in 0. Näherung vorausberechneten Werten

Kreise: experimentelle Meßwerte

Zusammenfassung

In der vorliegenden Arbeit konnte ich zeigen, daß es möglich ist, die Phasengleichgewichtsdaten flüssig-flüssig und dampfförmig-flüssig eines ternären Systems, das aus zwei miteinander ideal mischbaren und hinsichtlich einer dritten Komponente LO stark nichtideal mischbaren Komponenten $S1$ und $S2$ besteht, allein bei Kenntnis der Temperaturabhängigkeit des Dampfdrucks der einzelnen Komponenten und der Löslichkeitsgrenzen der binären Systeme in erster Näherung vorauszuberechnen. Zur Lösung der DUHEM-MARGULESschen Differentialgleichungen ist lediglich die zusätzliche physikalisch plausible Annahme nötig, daß sich $\Delta^E \mu'_{LO}$ bzw. $\ln f_{LO}$ linear mit dem relativen Molenbruch $\mathfrak{x}'_{Si}$ innerhalb der Mischbarkeitsbereiche vom einen zum anderen Randwert verändert. Im Ergebnis dieser theoretischen Untersuchungen folgte u. a. die für die Praxis interessante Aussage, daß für $\beta > 1$ stets $\alpha \leq \alpha_0$ sein muß. Experimentelle Phasengleichgewichtsmessungen, die ich am System n-Propylazetat/n-Butylazetat/Wasser isotherm bei $T = 317{,}6\,^\circ$K und isobar bei $P = 100{,}0$ Torr mit der von mir entwickelten Gleichgewichtsapparatur $G8$ durchführte, lieferten Ergebnisse, die mit den theoretisch vorausberechneten Näherungswerten unter Berücksichtigung der im einzelnen diskutierten Mängel in befriedigender Übereinstimmung stehen.

Leipzig, Institut f. Verfahrenstechnik d. organ. Chemie,
Deutsche Akademie der Wissenschaften zu Berlin, 7. 10. 1959.

Ergänzende Bemerkungen

Wie ich inzwischen zeigen konnte [SCHUBERTH, H., Z. phys. Chem., z. Zt. im Druck], gibt es für heteroazeotrope binäre Systeme mit geringer gegenseitiger Löslichkeit noch eine zweite, dem wirklichen thermodynamischen Verhalten derartiger Systeme weit besser gerecht werdende Möglichkeit, die Phasengleichgewichtsdaten lediglich bei Kenntnis der Temperaturabhängigkeit des Dampfdrucks der reinen Komponenten sowie der Mischungslücke vorauszuberechnen. Sie beruht darauf, an Stelle der Gl. (3.1) den „zweiseitigen PORTERschen Ansatz"

$$\frac{1}{RT}(\mu'_{Si} - \mu'_{0Si}) - \ln x'_{Si} = A_{OG}(1 - x'_{Si})^2$$

TABELLE 20

Vergleich zwischen eyxperimentell ermittelten und vorausberechneten Daten für das Heteroazeotrop der Systeme n-$CH_3COOC_3H_7/H_2O$ und n-$CH_3COOC_4H_9/H_2O$ bei $T = 317{,}6\,^\circ$K

System S1/LO			System S2/LO			Erklärung
P_E	$x''_{S1,LE}$	$y''_{S1,OE}$	P_E	$x'_{S2,OE}$	$y'_{S2,OE}$	
150,2 ±0,25	0,536 ±0,010	0,868 ±0,005	100,0 ±0,25	0,303 ±0,010	0,737 ±0,005	experimentell ermittelt
158,3	0,560	0,878	102,2	0,318	0,750	vorausberechnet in 0. Näherung
146,1	0,524	0,862	98,9	0,296	0,731	vorausberechnet in 1. Näherung gemäß Ansatz (3.1)
149,9	0,536	0,868	99,7	0,302	0,736	vorausberechnet gemäß zweiseitigem PORTERschen Ansatz

für den Bereich der Mischbarkeit $0 \leq x'_{Si} \leq x'_{Si,\,OL}$ mit $G = L$ und $x'_{Si,\,OS} \leq x'_{Si} \leq 1$ mit $G = S$ zu verwenden. Über die hiermit erzielbare Genauigkeit bei der Vorausberechnung von Phasengleichgewichtsdaten orientiert die nachstehend wiedergegebene Tabelle 20. Die auch an anderen Systemen mit relativ großer Mischungslücke festgestellte gute Übereinstimmung der Vorausberechnung mit den Meßergebnissen gestattet es, die im Zusammenhang mit den Abschätzungsbeziehungen (4.37) ausgesprochene Beschränkung für x'_{LO} ein wenig zu erweitern und zu behaupten, daß hinsichtlich der Anwendbarkeit des obigen Ansatzes die Voraussetzung $0 \leq x'_{LO} \leq 0{,}25$; $0{,}75 \leq x'_{LO} \leq 1$ erfahrungsgemäß genügen dürfte.

Einer Erweiterung dieser an binären Systemen gezogenen Erkenntnissen auf ternäre Systeme vom hier behandelten Typ steht zwar vom theoretischen Gesichtspunkt her nichts im Wege und würde jetzt auch die in den Abb. 47 bis 50 aufgetretene Diskrepanz in den $x''_{LO,\,E}$-, P_E- und T_E-Kurven zum Verschwinden bringen, doch ist der Rechenaufwand insbesondere zur Bestimmung des Phasengleichgewichtsverhaltens flüssig-flüssig bedeutend größer, da es nicht mehr möglich ist, die Aktivitätskoeffizienten durch einfache nichttranszendente Funktionen darzustellen. In dieser Hinsicht ist die Berechnung derartiger ternärer Systeme nach der hier gezeigten Näherungsmethode nach wie vor von Wert, wenn es gilt, auf schnellem Wege sich über das ungefähre thermodynamische Verhalten zu orientieren.

Leipzig, Institut f. Verfahrenstechnik d. organ. Chemie,
Deutsche Akademie der Wissenschaften zu Berlin, 7. 11. 1960.

Zeichenerklärung

1. Verwendete Indizes

i, k, l = Bezeichnung für die Komponenten
ν = Bezeichnung für die Anzahl Komponenten in einer Phase
$'$ = Kennzeichnung einer flüssigen Phase
$''$ = Kennzeichnung einer dampfförmigen Phase
0 = Kennzeichnung für den reinen, unvermischten Zustand bzw. für den idealen Mischzustand
* = Kennzeichnung für das reale Gasverhalten
$S1$ = Kennzeichnung derjenigen Komponente, die mit $S2$ unbegrenzt mischbar ist, aber gegenüber LO eine kleinere Mischungslücke als $S2$ aufweist
$S2$ = Kennzeichnung derjenigen Komponente, die mit $S1$ unbegrenzt mischbar ist, aber gegenüber LO eine größere Mischungslücke als $S1$ aufweist
Si = zusammenfassende Kurzbezeichnung für $S1$ bzw. $S2$
LO = Kennzeichnung derjenigen Komponente, die sowohl gegenüber $S1$ wie auch gegenüber $S2$ eine Mischungslücke aufweist
S = Kennzeichnung der an LO gesättigten flüssigen Phase mit vorwiegendem Gehalt an Si
L = Kennzeichnung der an Si gesättigten flüssigen Phase mit vorwiegendem Gehalt an LO
G = zusammenfassende Kurzbezeichnung für S bzw. L
E = Kennzeichnung der eutektoiden Zusammensetzung dampfförmig-flüssig im ternären System bzw. der heteroazeotropen Zusammensetzung im binären System
OS = binärer Grenzpunkt der ternären S-Kurve
OL = binärer Grenzpunkt der ternären L-Kurve
OE = binärer Grenzpunkt der ternären E-Kurve
K = Kennzeichnung einer Konnode (als zweiter Index)
K = Kennzeichnung des kritischen Zustands (als erster Index)

2. *Verwendete Formelzeichen*

n_k = Molzahl (der Komponente k)
x_k = Molenbruch
$\mathfrak{x}_k$ = relativer Molenbruch
m_k = Masse
g_k = Gewichtsbruch
$\mathfrak{g}_k$ = relativer Gewichtsbruch
I, H = Enthalpie
$\bar{I}, \bar{H}$ = mittlere molare Enthalpie
ΔH_k = partielle molare Mischungswärme
L = Verdampfungswärme
$\bar{L}$ = mittlere molare Verdampfungswärme
C_p = spezifische Wärme
G = freie Enthalpie
$\bar{G}$ = mittlere molare freie Enthalpie
$\Delta^E\bar{G}$ = mittlere molare freie Exzess-Enthalpie
μ_k = chemisches Potential
$\Delta^E\mu_k$ = chemisches Exzess-Potential
P = Totaldruck
P_k = Partialdruck
T = absolute Temperatur
t = Celsiustemperatur
V = Volumen
$\bar{V}$ = mittleres Molvolumen
$\Delta\bar{V}_k$ = partieller molarer Volumeneffekt
S = Entropie
$\bar{S}$ = mittlere molare Entropie
f_k = Aktivitätskoeffizient
R = Gaskonstante
K = Gleichgewichtszahl für Phasengleichgewichte dampfförmig-flüssig
$\varkappa$ = Gleichgewichtszahl für Phasengleichgewichte flüssig-flüssig
α = relative Flüchtigkeit
β = Selektivität
c_k = Henryscher Koeffizient
Δc, Δc_{LO} = Differenz Henryscher Koeffizienten
a_{nm}, b_{nm} = Konstante in Reihenentwicklungen
n, n_D = Brechungsindex der Na-D-Linie
ϱ = Dichte
M = Molekulargewicht
B = zweiter Virialkoeffizient

FSC
www.fsc.org
MIX
Papier | Fördert gute Waldnutzung
FSC® C083411

Kolibri 360 GmbH
Ferdinand-Jühlke-Straße 7
99095 Erfurt, Deutschland
produktsicherheit@kolibri360.de